U0162512

深埋地层的远古秘密

广西恐龙

GUANGXI KONGLONG

莫进尤 著

广西科学技术出版社

图书在版编目（CIP）数据

广西恐龙 / 莫进尤著. —南宁：广西科学技术出版社，2021.1（2024.1重印）
ISBN 978-7-5551-1476-5

Ⅰ.①广… Ⅱ.①莫… Ⅲ.①恐龙化石—广西—普及读物 Ⅳ.①Q915.2-49

中国版本图书馆CIP数据核字（2020）第231842号

GUANGXI KONGLONG
广 西 恐 龙
莫进尤　著

责任编辑：何杏华　　　　　　　　　责任印制：韦文印
责任校对：吴书丽　　　　　　　　　装帧设计：韦宇星
设计助理：覃　月　吴　康

出 版 人：卢培钊
出　　版：广西科学技术出版社
社　　址：广西南宁市东葛路 66 号　　　邮政编码：530023
网　　址：http://www.gxkjs.com

印　　刷：北京虎彩文化传播有限公司

开　　本：787mm×1092mm　1/16
字　　数：114 千字　　　　　　　　　印　　张：8
版　　次：2021 年 1 月第 1 版
印　　次：2024 年 1 月第 2 次印刷
书　　号：ISBN 978-7-5551-1476-5
定　　价：89.00 元

审图号：桂 S（2018）154 号

Preface

Since the first discoveries at the beginning of the Twentieth Century, our knowledge of Chinese dinosaurs has increased so much that China can now be called the *land of dinosaurs*. To many people, the term *Chinese dinosaurs* conjures up the huge skeletons found in the Jurassic rocks of the Sichuan basin, or the beautifully preserved feathered dinosaurs of the Early Cretaceous Jehol Biota of north-eastern China. But the fossil record of dinosaurs in China extends well beyond these spectacular finds and in fact fossils of these animals have been found in many Chinese provinces, from Tibet to Guangdong and from Yunnan to Heilongjiang. However, although the first finds were made in the 1960s, and many more have followed, comparatively few people may have heard about the dinosaurs from Guangxi Zhuang Autonomous Region. This book by Professor Mo Jinyou, the foremost expert on Guangxi dinosaurs, will therefore be a revelation for many readers.

In it, Professor Mo Jinyou first describes the natural and especially geological setting in which dinosaur fossils occur. Guangxi is an area of great natural beauty, with remarkable landscapes and interesting and unusual plants and animals in its subtropical forests. The geology of Guangxi is complicated, rocks of many different ages can be found there, and fossils from various geological periods have been discovered, from invertebrates that lived in the seas of the Palaeozoic to the large Pleistocene mammals contemporary with early humans. Dinosaurs, too, are represented by fossils from several distinct geological formations corresponding to several periods in the evolution of these animals. The first discovery took place in 1963, but active research really began in the 1970s when finds from the red beds of the Lower Cretaceous sedimentary basins of south-western Guangxi were reported. More recently, active field work led by Professor Mo Jinyou and his team from the Natural History Museum of Guangxi in Nanning has resulted in the discovery of many new specimens which provide an increasingly accurate image of the dinosaurs which lived in the area some 110 million years ago, together with freshwater sharks, bony fishes, turtles and crocodiles. The first remains of the bizarre fish-eating spinosaurid dinosaurs ever found in China were discovered in the Napai basin of Guangxi. Together with their teeth, remains of various other dinosaurs have been found, including herbivorous iguanodontians and psittacosaurs, large carnivores such as *Datanglong*, and the huge plant-eating sauropods *Fusuisaurus* and *Liubangosaurus*. Although these Early Cretaceous dinosaurs from south-western Guangxi have attracted much attention, they are by no means the only dinosaurs known from Guangxi. Near the city of Nanning, remains of more recent dinosaurs, from the Late Cretaceous, have been found, including the titanosaur *Qingxiusaurus* and the hadrosaur *Nanningosaurus*, represented by a beautiful partial skeleton. Older dinosaurs are present, too, as shown by a vertebra of a Jurassic sauropod.

As more localities are discovered and new excavations are carried out, sometimes in collaboration with foreign palaeontologists (especially from France and Thailand) , the fossil record of dinosaurs from Guangxi grows steadily, more and more species are brought to light, displayed in museums and described. In this well illustrated book, Professor Mo Jinyou provides an up-to-date account of these remarkable animals and also gives a good idea of what the work of a palaeontologist is, both in the field and in the laboratory. All readers interested in dinosaurs will enjoy this book and learn much from it.

Dr Eric Buffetaut

Director of Research emeritus, National Centre for Scientific Research, Paris, France

序

　　自从20世纪初的第一次发现以来，我们对中国恐龙的认识大大增加，中国现在可以称得上是"恐龙大国"。对于很多人来说，"中国恐龙"一词会使他们想起在四川盆地侏罗纪岩石中发现的巨大恐龙骨架，或者是中国东北地区早白垩世热河生物群中保存完好的带羽毛恐龙。但是在中国，关于恐龙化石的记载远不止这些惊人的发现。事实上，从西藏到广东，从云南到黑龙江，中国的很多省份都有这些动物化石。然而，尽管早在20世纪60年代就有了第一次发现的报道，并且之后还有很多新的发现，但是可能仍然很少有人听说过广西的恐龙。因此，这本由广西恐龙专家莫进尤教授编写的书会给很多读者带来启示。

　　在这本书里，莫进尤教授首先描述了恐龙化石出现的自然环境和独特地质背景。广西有着极好的自然风光和令人惊叹的地貌景观，亚热带森林中有着许多有趣而不寻常的动植物资源。广西地质背景复杂，出露了许多不同年代的岩石，岩层中发现了不同地质时期的动物化石，包括从生活在古生代海洋中的无脊椎动物到与早期人类同时代的大型更新世哺乳动物。恐龙化石同样来自几个不同的地质年代，这些化石与恐龙演化的几个时期相对应。尽管广西在1963年就首次发现了恐龙化石，但真正的研究却始于20世纪70年代广西西南部下白垩统沉积盆地红色岩层中的发现。最近，位于南宁的广西自然博物馆的莫进尤教授和他的团队在扶绥县那派盆地开展了积极的野外工作，发现了许多新的化石标本，这些发现为人们提供了1.1亿年前生活在该地区的越来越精确的恐龙景象，一起发现的还有淡水鲨鱼和硬骨鱼类、龟类、鳄类。中国最早发现的奇特的食鱼的棘龙化石就来自广西那派盆地。在那派盆地除棘龙的牙齿外，还发现了其他各种恐龙化石材料，包括植食性的禽龙和鹦鹉嘴龙，大型食肉动物如大塘龙，以及巨型植食性蜥脚类的扶绥龙和六榜龙。尽管这些产自广西西南部的早白垩世恐龙已备受关注，但它们绝不是广西唯一已知的恐龙。在南宁市附近还发现了更晚期的晚白垩世恐龙遗骸，包括巨龙类的清秀龙和鸭嘴龙类的南宁龙，化石材料包括部分漂亮的骨架。广西也有更早期的侏罗纪蜥脚类恐龙，化石材料为一个较为完整的背椎。

　　随着更多化石产地的发现和恐龙挖掘工作的不断开展，以及与外国古生物学家，尤其是与来自法国和泰国的古生物学家的定期合作，广西恐龙化石的记录稳步增长，越来越多的物种得到揭露和描述，并在博物馆进行展示。在这本图文并茂的书中，莫进尤教授不仅为我们提供了最新的引人注目的动物资料，也使我们有机会了解到古生物学家如何在野外和实验室开展工作。所有对恐龙感兴趣的读者在享受阅读这本书的同时，将会从书中学习到更多的知识。

Eric Buffetaut 博士

法国国家科学研究中心荣誉主任研究员

前言

恐龙（确切地说，是"非鸟恐龙"），古老而神秘的史前爬行动物，早在 2 亿多年前就成为地球上的陆地霸主，却在 6500 万年前全部神秘地消失了，所有的生命印记都封存在了中生代地层里。

如果从 1677 年英国人普洛特发现并描绘的第一件恐龙标本（当时被描述为"巨大的腿骨化石"）算起，人类对恐龙的研究已有 340 多年的历史。迄今为止，人们已经获得了不少对恐龙的认识，但仍然有许多未解之谜等待着人们去探索。随着时间的推移，新化石的发现和新技术的运用使得一些前人的研究结论得到及时的修正，人们对恐龙的认识越来越接近真实的样子。

目前通过地层中的恐龙化石，全世界共发现并命名了 1000 多种恐龙，仅在中国就发现了 300 多种，除海南和台湾外，化石产地几乎遍布全国各省区。

广西恐龙化石最早发现于 1963 年，迄今已经找到了 10 个恐龙化石地点，命名恐龙新属种 6 个。扶绥县是著名的"中国恐龙之乡"，那派盆地是我国 53 个国家级重点保护古生物化石集中产地之一。

本书主要介绍广西恐龙的发现、发掘和研究历史，同时普及一些基础的地质古生物学知识。比如：广西都有哪些恐龙？人们是如何寻找和发现它们的？这些恐龙生活在地球地质历史的哪一个时期？都有哪些伴生动物？……

广西恐龙的调查、发掘、研究和保护工作先后得到了广西壮族自治区文化和旅游厅、广西壮族自治区财政厅、国家文物局、广西自然科学基金（2016GXNSFAA380009）和国家自然科学基金（40862001）等项目的资助。本书的恐龙生态复原图由广西卡斯特动漫有限公司提供，"广西恐龙全家福"由泰国马哈撒拉堪大学的 Sita Manitkoon 制作，部分图片来自广西自然博物馆所编的《自然广西》一书。历年参加广西恐龙的调查、发掘、研究和保护工作的单位包括中国科学院古脊椎动物与古人类研究所、广西自然博物馆、法国国家科学研究中心、法国里昂第一大学、泰国马哈撒拉堪大学古生物研究与教育中心、广西壮族自治区地质调查院、广西壮族自治区区域地质调查研究院、南宁博物馆、藤县博物馆、桂平市博物馆、横县博物馆、防城港市博物馆、防城港市防城区博物馆、扶绥县文化旅游和体育广电局、扶绥县自然资源局、扶绥县文物管理所、宁明县文物管理所和扶绥县山圩镇文化站等。广西自然博物馆参加人员包括赵仲如、王颖、谌世龙、陈耿娇、黄超林、黄志涛、周世初、蒋珊、熊铎、胡茜、谢绍文、周琦、雷学强等。百色市右江区文物管理所黄鑫和田东县文物管理所田丰协助参加了部分野外发掘工作。扶绥县恐龙的研究工作得到了扶绥县人民政府、山圩镇人民政府和东门镇人民政府的支持。中国科学院古脊椎动物与古人类研究所恐龙专家徐星研究员、法国古生物学家 Eric Buffetaut 和佟海燕研究员等先后对广西恐龙的研究做出了重要贡献，佟海燕研究员还审阅了书稿，在此一并表示感谢。

广西恐龙的研究虽取得了一定的成果，但仍处于探索阶段，本书就算是抛砖引玉吧。书中难免存在缺点和不足，衷心希望读者朋友批评和指正。

广西恐龙印象

扶绥县龙谷湾景区

赵氏扶绥龙生态复原

赵氏扶绥龙骨架

广西恐龙
GUANGXI KONGLONG

何氏六榜龙骨架

何氏六榜龙生态复原

扶绥中国上龙生态复原

扶绥中国上龙骨架

广西恐龙
GUANGXI KONGLONG

大石南宁龙骨架

大石南宁龙生态复原

广西大塘龙生态复原

右江清秀龙复原

广西恐龙
GUANGXI KONGLONG

目录

| 第四章
| 恐龙研究

| 第五章
| 恐龙之乡

第 一 章
广西自然概况

广西位于中国南部，南临北部湾，与海南隔海相望，东连广东，东北接湖南，西北靠贵州，西邻云南，西南与越南毗邻。地理坐标为东经 104° 28′ ～ 112° 04′，北纬 20° 54′ ～ 26° 24′。东西最大跨距 771 千米，南北最大跨距 634 千米，陆地面积 23.76 万平方千米。大陆海岸线总长 1595 千米，沿海岛屿 697 个，岛屿岸线总长 600 千米，岛屿总面积 84 平方千米。

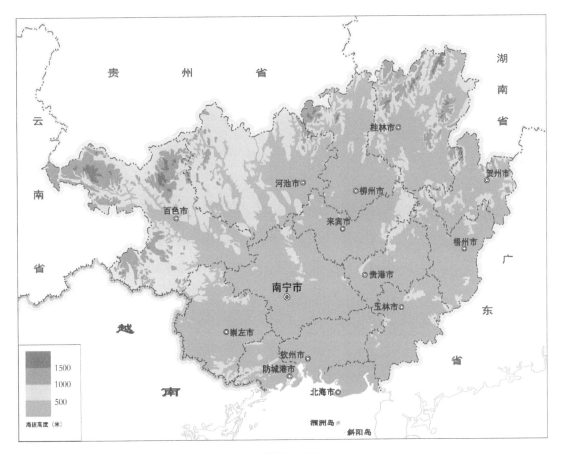

广西地势示意图

一、自然地理

（一）地形地貌

广西处于中国地势第二级阶梯中的云贵高原东南边缘，整体地势自西北向东南倾斜，山岭连绵，山体庞大，岭谷相间，四周多被山地、高原环绕，呈盆地状，有"广西盆地"之称。广西地貌总体特征是山多平原少，岩溶广布。山地、丘陵面积占广西土地总面积的 75.6%，素有"七山一水两分田"之说。岩溶地貌发育，群峰林立，洞穴棋布，是世界著名的岩溶地区之一，享有"广西处处是桂林"的美誉。

桂林漓江

（二）气候特征

广西地处低纬度亚热带地区，北回归线横贯中部，南濒北部湾，北接南岭山地，西延云贵高原。受东西环流影响，形成亚热带季风气候，具有气候温暖、热量丰富、降水丰沛、干湿分明等气候特征。年均气温在 17 ～ 23℃之间，年均降水量为 1100 ～ 2800 毫米。

（三）主要山脉

广西山脉众多。桂北有凤凰山、九万大山、大南山和天平山等；桂东北有猫儿山、越城岭、海洋山、都庞岭和萌渚岭等，其中猫儿山主峰海拔 2141.5 米，为广西第一高峰，也是南岭山脉的最高峰；桂东南有云开大山；桂南有大容山、六万大山、十万大山等；桂西北为云贵高原边缘山地，有金钟山、岑王老山等；桂中有架桥岭、大瑶山、莲花山、都阳山和大明山等。

十万大山

红水河第一湾

（四）四大水系

广西境内河流众多，总长约 3.4 万千米，组成了广西的四大水系——珠江水系、长江水系、桂南独流入海水系和百都河水系。四大水系所占的流域面积分别为 85.2%、3.5%、10.7% 和 0.6%。最大的珠江水系主干流经南盘江—红水河—黔江—浔江—西江，自西北向东横贯全境，全长1239 千米，经梧州流向广东入南海。

涠洲岛海岸

（五）海洋和岛屿

　　广西南临北部湾，管辖海域面积约 4 万平方千米。大陆海岸东起与广东交界的洗米河口，西至中越交界的北仑河口，全长 1595 千米。沿海的南流江口、钦江口为三角洲型海岸，铁山港、大风江口、茅岭江口、防城河口为溺谷型海岸，钦州、防城港两市沿海为山地型海岸，北海、合浦为台地型海岸。中国地质年龄最年轻的火山岛、广西最大的海岛——涠洲岛面积约 24.74 平方千米。

白头叶猴

（六）生物资源

广西自然生态环境优越，野生动植物资源丰富，有维管束植物 8562 种，陆生脊椎动物 1149 种（含亚种），物种多样性仅次于云南和四川，居全国第三位。北部湾海洋生物资源丰富，有海洋兽类 16 种，爬行类 13 种，鱼类 600 多种，虾蟹类 200 多种，头足类 50 多种，浮游植物 140 种，浮游动物 130 种。红树林分布面积约 73 平方千米，居全国第二位。

（七）矿产资源

广西矿产资源丰富，种类繁多，储量较大，是中国 10 个重点有色金属产区之一，享有"有色金属之乡"的美称。广西迄今共发现了 168 种矿种，探明矿藏储量的有 123 种。其中，有 67 种储量居全国前十位，7 种储量居全国第一位。被列为优势矿产的共有 16 种，包括锡、锑、钨、铅、锌、铝、锰、钛、钒、膨润土、高岭土、重晶石、滑石、方解石、水泥用石灰岩、饰面用花岗岩。

磷氯铅矿

广西恐龙
GUANGXI KONGLONG

二、地质历史

　　广西地质历史悠久，最早可以追溯到 18 亿年前的古元古代。古生代晚期之前，广西总体上都处于被海水淹没的范围。三叠纪晚期（2.2 亿年前），由于华南板块与欧亚板块的碰撞挤压，广西地壳整体抬升，海水退出，从此成为稳定的陆地。

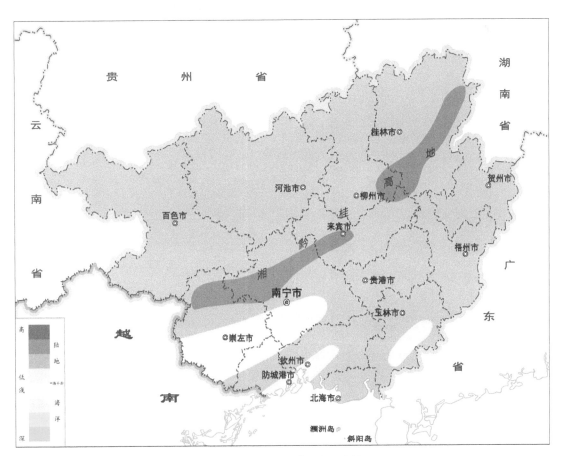

三叠纪晚期（2.2 亿年前）广西古地理图

（一）海洋时期

距今 18 亿年以来，一直到 2.2 亿年前，广西全境基本都被海水所淹没，从而形成了出露广泛的海洋沉积，沉积地层中蕴含了各种各样的海洋生物化石。

晚元古代早期（距今 10 亿～ 8 亿年），广西海洋中主要生活了一些微古植物，如古藻、古孢子等。

寒武纪晚期（5 亿年前），广西海洋中的动物种类呈爆发性增长，以靖西发现的果乐生物群为代表，包括节肢动物、软舌螺、藻类、棘皮动物和蠕形动物等，其中节肢动物三叶虫就有十几个种类。

奥陶纪至泥盆纪晚期（距今 5 亿～ 3.5 亿年），广西海洋中除了生活有大量的无脊椎动物，还有许多早期鱼类。无脊椎动物包括腕足类、珊瑚类、牙形刺、三叶虫、瓣鳃类、竹节石、菊石、层孔虫、有孔虫、蜓类等，早期鱼类包括盔甲鱼类、节甲鱼类和胴甲鱼类等。

三叶虫化石 尖翼石燕化石

双腹扭形贝化石

鸮头贝化石

石炭纪至三叠纪时期（距今 3.5 亿～ 2.2 亿年），广西海洋中的无脊椎动物继续繁盛，东兰县和凤山县一带有空棘鱼类（如凤山中华空棘鱼）繁衍，武鸣区一带则有海生爬行动物鳍龙类（如东方广西龙）出没。

（二）陆地时代

2.2 亿年前，广西开启了恐龙等陆地动物的生活时代。

侏罗纪早期（2 亿年前），崇左市宁明县一带，十万大山附近的远古湖泊中就开始有淡水鱼类生活，湖泊周边出现了广西最早的蜥脚类恐龙。

侏罗纪中期（1.6 亿年前），防城港市江山半岛曾经也是一个巨大的淡水湖泊，许多真蜥脚类恐龙在湖岸边生活。

白垩纪早期（1.2 亿年前），广西南部和东南部陆相湖泊较为发育，湖泊中有大量双壳类、淡水鲨鱼、硬骨鱼类、乌龟和鳄鱼生活；湖岸边丛林密布，生活了巨型蜥脚类赵氏扶绥龙、大型兽脚类广西大塘龙和扶绥中国上龙、中型鸟脚类等多种恐龙。

白垩纪晚期（8000 万年前），南宁市那龙镇附近生活着右江清秀龙和大石南宁龙等，还有一些肉食类恐龙出没其中。

大石南宁龙上颌骨化石

第三纪时期（3000万年前），在广西南宁、百色和田东一带生活了大量的早期哺乳动物，如石炭兽、雷兽、沟齿兽等。宁明县一带形成的巨型湖泊中生活了许多鱼类，以鲤形目鲤科为主，次之是鲱超目、鲈形目和鲇形目。湖泊周边森林密布，生长的植物以被子植物为主，也有部分裸子植物和蕨类植物。

翠柏化石

类黄芪化石

石炭兽臼齿化石

鱼类化石

第四纪时期，广西境内成为华南地区巨猿的生活聚居地。从 200 多万年前的柳城巨猿，到 120 万年前的三合大洞巨猿，再到 31 万年前的合江洞巨猿，巨猿先后在广西生活了近 200 万年。许多早期现代人类如木榄山人、柳江人、麒麟山人、白莲洞人等也在这片土地生活，他们的后代很可能延续至今。同时，大量的哺乳动物如大熊猫、剑齿象、亚洲象、犀牛、巨貘等也栖居在广西境内，一些动物甚至还延续至今，如猕猴、叶猴、野猪、野牛和灵猫等。

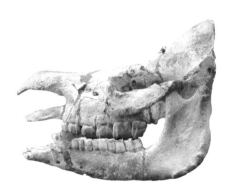

犀牛头骨化石

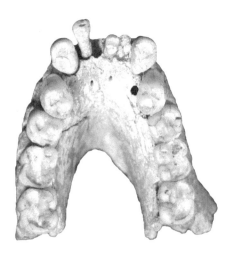

巨猿下颌骨化石

小种大熊猫牙齿化石

东方剑齿象臼齿化石

三、代表性古生物化石地点

　　广西地层发育齐全，各时代地层产出了丰富的古生物化石，以寒武纪果乐生物群，泥盆纪海洋鱼类和无脊椎动物化石，侏罗纪和白垩纪恐龙，第三纪鱼类、哺乳动物和古植物，第四纪巨猿动物群、大熊猫－剑齿象动物群和古人类为代表。代表性古生物化石地点遍布全区。

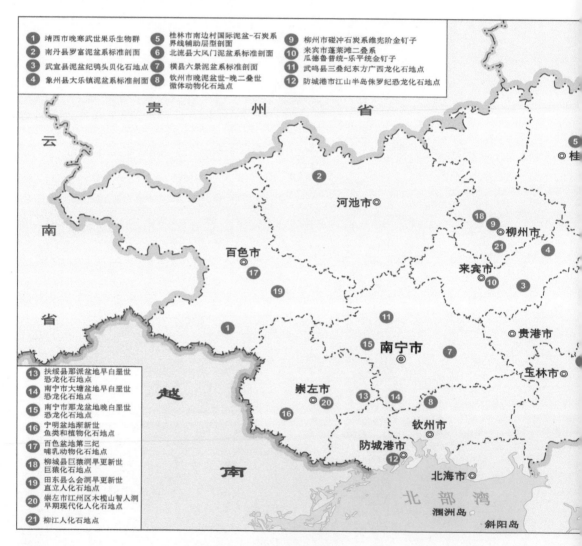

广西代表性古生物化石地点分布图

田东么会洞出土的距今
190万年的猩猩牙齿化石

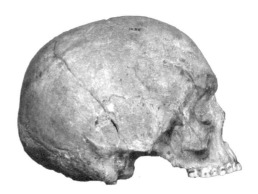

柳州市柳江区出土的距
今5万年的柳江人头骨化石

武宣县二塘镇产出的泥盆纪鸮头贝化石

第 二 章

恐龙化石发现

发现恐龙化石绝对是一件令人兴奋的事情，这意味着随后就可以开展一系列的野外发掘、室内修复和科学研究工作。然而，在广西发现恐龙化石并非易事。

广西是著名的岩溶地区，侏罗纪和白垩纪恐龙化石地层出露不多。加上亚热带气候的原因，这些恐龙化石地层常年被植被所覆盖，零星暴露的恐龙骨骼很难进入人的视线。

相比而言，在北方地区寻找恐龙化石就容易一些。特别是新疆、内蒙古等地的荒漠戈壁地区，秋冬季节寸草不生，地层露头清晰，露出的恐龙骨骼没有受到任何破坏。只要走到跟前，就不会错过那些露在地表红层中的恐龙化石。

广西直到 1963 年才发现恐龙化石，迄今共发现化石地点 10 处，分别为桂平市社坡镇、扶绥县山圩镇、横县南乡镇、南宁市大石村、藤县中和村、藤县山花水库、横县良圻镇、防城港市江山半岛、南宁市大塘镇、宁明县北江乡。

广西最早发现的恐龙化石（1963 年）

一、广西恐龙化石的最早发现

1963 年，广西区域地质测量队二分队（现广西区域地质调查研究院）在桂平市社步盆地社坡镇附近开展地质调查时，在社坡水库坝首发现了一件骨骼化石。为了明确该化石的动物种类，他们将化石寄往中国科学院古脊椎动物与古人类研究所。经该所的专家鉴定，该化石为鸟脚类恐龙的胫骨。这是广西最早发现恐龙化石的地点。可惜的是，这个化石地点后来没有进一步开展调查和发掘，确切的位置至今无法确认。

二、广西恐龙墓地的发现

广西扶绥县那派盆地堪称广西恐龙墓地。扶绥县是"中国恐龙之乡"，那派盆地是全国 53 个重点保护古生物化石集中产地之一。自 1972 年首次发现恐龙化石以来，在那派盆地已累计开展了 20 多次恐龙化石的调查工作，并发现了几个恐龙化石地点和丰富的恐龙化石材料。

（一）上英屯

1972 年 6 月，广西地质局区域地质测绘大队在扶绥县境内那派盆地开展地质填图工作时，在山圩镇那派村上英屯的一处山坡上找到了一些瓣鳃类化石和动物骨骼化石。动物骨骼标本随后被寄到了中国科学院古脊椎动物与古人类研究所，经鉴定为恐龙化石。1973 年 1 月，广西壮族自治区博物馆自然组工作人员赵仲如等人前往实地调查，又发现了一些恐龙碎骨化石；同年 5 月，广西壮族自治区博物馆配合中国科学院古脊椎动物与古人类研究所的专家侯连海等人对该地点进行了发掘，发现了不少恐龙骨骼和牙齿化石。上英屯是广西第一个开展科学发掘的恐龙化石地点，在此发现的恐龙属种包括扶绥中国上龙、广西原恐齿龙和广西亚洲龙，还发现了一些软骨鱼类、硬骨鱼类和龟类等化石。

1994 年 11 月，广西自然博物馆在那派盆地开展恐龙化石调查时，在上英屯附近的山坡进行了部分试掘，没有找到恐龙化石。

上英屯恐龙化石地点　　　　　　　　1973 年在上英屯发现恐龙化石

1994 年上英屯附近的恐龙化石试掘现场

（二）笼草岭

　　笼草岭位于扶绥县山圩镇平搞村六榜屯东南约 250 米处，距离上英屯恐龙化石地点约 1000 米。据了解，当地群众早在 20 世纪 60～70 年代就已经开始在笼草岭开荒种地。在耕种过程中，老百姓不时会犁出一些"奇怪的石头"来。他们虽然对这些石头感到好奇，但是并不知道这些就是生活在距今亿万年前的恐龙的化石。这些"石头"要么被堆放到地边，要么被拿回家砌墙。一直到了 1973 年，中国科学院古脊椎动物与古人类研究所专家在上英屯发掘恐龙化石时，才对这个地点的"石头"进行了鉴定，确认为恐龙骨骼，并在地表"捡"到了几大筐化石碎块，但当时没有开展进一步的发掘。

1994年11月，广西自然博物馆在那派盆地开展恐龙化石调查时，也曾在笼草岭开展试掘工作。当时发掘了2个5米×5米的探方，3个1米宽的探槽，深度达2米，但没有找到恐龙化石。整个笼草岭南侧面积约5000平方米，地表也有不少化石碎片，但恐龙化石埋藏于何处，无从得知。可能是因为笼草岭的化石地层较浅，埋藏的恐龙骨骼化石由于常年的耕作而受到了破坏。

2001年5月，当地村民何文坚写信给广西自然博物馆，说他在笼草岭找蛇洞时，在一块甘蔗地边上发现了几块大的动物骨骼化石。据广西自然博物馆野外调查队现场鉴定，确认这些化石为蜥脚类恐龙的肢骨。后经询问甘蔗地主人张秀明得知，在前几年犁地时，这些肢骨化石曾经撞断了他的犁头，于是就被他扔到了甘蔗地边。

根据何文坚提供的线索，广西自然博物馆在这块甘蔗地开展了两次发掘工作，发现了属于赵氏扶绥龙、何氏六榜龙、1个蜥脚类未成年个体和1个禽龙类未成年个体的200多件恐龙骨骼和牙齿化石。

笼草岭恐龙化石地点

笼草岭恐龙化石地点发现者何文坚

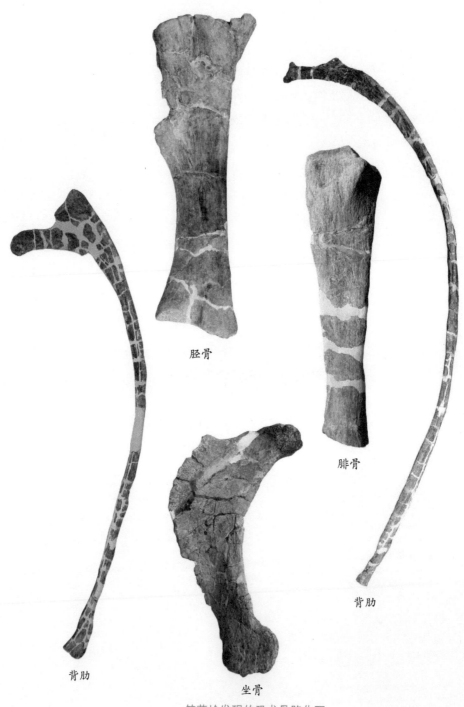

胫骨

腓骨

背肋

背肋

坐骨

笼草岭发现的恐龙骨骼化石

广西恐龙

（三）下妙屯

2016 年 3 月，由广西自然博物馆、泰国马哈撒拉堪大学和法国国家科学研究中心联合组成的调查队在平搞村下妙屯一处小山坡进行野外调查时，在甘蔗地边上的乱石堆中发现了几块不完整的恐龙化石。这几块化石呈不规则状，上面还粘了不少围岩，很容易被当成一般的石头丢弃。根据化石表面附着的紫红色粉砂质泥岩推测，这几块化石应该是在甘蔗地附近被犁出来的。经询问，这一推测得到了证实。由于耕地主人的疏忽，这些化石被当成了碍事的石头丢弃在甘蔗地边。

根据这一线索，广西自然博物馆对这个化石地点进行了发掘，果然找到了恐龙化石层位，发掘了 20 多件蜥脚类恐龙化石。

下妙屯恐龙化石地点

在下妙屯恐龙化石地点发现的恐龙化石断块

（四）派芒屯

位于派芒屯东北 200 米处的山坡为一套紫红色泥质粉砂岩。在该地点发现较多恐龙化石碎片及瓣鳃类化石，恐龙化石种类包括蜥脚类、鲨齿龙类、棘龙类、鸟脚类等。

派芒屯恐龙化石地点

三、广西白垩纪晚期恐龙化石的发现

　　1966年，南宁市郊区那龙乡大石村村民在石火岭附近的冲望沟兴修水利，在架设横跨冲望沟的渡槽时，在渡槽西端出口处挖到许多动物骨骼化石。村民们虽觉得很稀奇，但并不知道这些是恐龙化石，许多化石被当成石头扔进了水沟里，或者拿回家用作建筑材料，只有一位叫石宏德的小学老师收藏了2块。1988年，南宁博物馆的工作人员在大石村附近开展文物调查时，得知石宏德老师收藏了2块"龙骨"。广西自然博物馆的赵仲如听说这一消息后，随即前往石宏德老师家里，对尘封了20多年的骨骼化石进行了认真鉴定，并到石火岭进行了详细的调查，最终确定这2块"龙骨"为恐龙化石，现场还找到了一些恐龙骨骼碎块。1990～1991年，广西自然博物馆对该地点进行了正式发掘，获得的化石材料包括鸭嘴龙类大石南宁龙、泰坦巨龙类右江清秀龙的化石和2颗虚骨龙类牙齿。

当地村民用来当门墩的恐龙化石

1992年，广西自然博物馆工作人员与刚德村小学老师合影。前排右一为石宏德，右二为赵仲如

冲望沟恐龙化石地点

四、广西侏罗纪恐龙化石的首次发现

恐龙化石发现者黎华毅

　　2002 年 7 月，防城港市防城区居民黎华毅等 3 名奇石爱好者在江山半岛海滩寻奇时，看到许多动物化石横七竖八地裸露在滩面上。他们觉得这些不是一般动物化石，但无法考证。为防止化石没入大海，他们将滩面上的零散化石抱回家，细心保护，并写信报告了广西自然博物馆。广西自然博物馆工作人员在黎华毅家中对他收藏的动物化石进行了鉴定，确认为恐龙化石，包括坐骨、椎体和肋骨。现场考察发现，仍有不少化石埋在地层中，由于受到海潮的反复冲击和浸泡，部分化石已经裸露出来。这是我国沿海以及广西境内发现的首个侏罗纪时代恐龙化石地点，化石材料属真蜥脚类恐龙未定种。

防城港市江山半岛红树林海滩及出露的恐龙化石

五、广西兽脚类恐龙骨骼化石的首次发现

2010 年 8 月，广西壮族自治区区域地质调查研究院第三分院在开展 1∶50000 小董测区区域地质调查时，在良庆区大塘镇那造村西南约 900 米处的一个小山坡上发现了一些动物骨骼化石。化石裸露在山路边，呈浅灰色，与一般的石头无异，很容易被人忽略。若不是经验丰富的地质工作人员拿着地质锤敲开化石仔细鉴定，这一重要发现很可能就被错过了。这是广西发现的首个兽脚类恐龙化石地点，恐龙化石经鉴定为广西大塘龙。

路边发现的恐龙化石碎块

大塘镇恐龙化石地点

六、其他恐龙化石地点的发现

　　除了上述地点，广西还有几个恐龙化石地点，有些找到了确切的层位，有些还需要进一步调查。

（一）藤县龙山村山花水库

　　1975 年，藤县群众在修建位于岭景镇与新庆镇交界处的山花水库时，发现了一块恐龙化石。该化石现保存在藤县博物馆，但没有确切的化石地点记录。根据这一线索，广西自然博物馆曾前往山花水库进行详细调查，在靠近水库的公路边发现了一套紫红色泥质粉砂岩岩层，岩性与恐龙化石上的围岩非常相似，但未发现化石。经初步鉴定，这块化石可能为鸟脚类恐龙的背椎，神经孔较大，椎体、神经棘和右侧横突缺失。

山花水库

山花水库产出的恐龙背椎椎弓化石

（二）藤县中和村九涌口

　　1991年，藤县村民黄国财在北流河南岸边的中和村九涌口发现了一段恐龙的肢骨。经广西自然博物馆赵仲如鉴定，确认为恐龙化石。广西自然博物馆后来对化石现场进行了勘查，发现地层中还保存了一个长1米多的化石印痕，化石已经剥离脱落。化石地层为紫红色砂砾岩，属河流相沉积。由此推测，这只恐龙的骨骼曾被河流冲散，最终在河里埋藏下来变成了化石。

中和村恐龙化石地点及发现的恐龙骨骼化石印痕

中和村九涌口河岸边发现的恐龙肢骨化石

（三）横县南乡镇广龙村

1982 年，广西第四地质队在横县南乡镇广龙村一带淘重砂找矿时，在广龙村西面紫红色岩层中发现了 1 件恐龙脊椎化石、1 颗牙齿化石以及许多骨骼化石碎片。后来，广西自然博物馆研究人员曾多次到广龙村一带调查，没有找到确切的恐龙化石地点。据悉，横县博物馆收藏了一小块恐龙化石，也没有确切的化石地点。

广龙村一带出露的白垩纪地层

（四）横县良圻镇

2000 年 12 月，横县良圻镇群众苏耀明在良圻镇滑石村铁路桥边一个旧采石场发现了 1 件恐龙尾椎化石。据现场勘察，化石地层为紫红色含砾砂岩，没有发现更多的恐龙化石材料。

良圻镇产出的恐龙尾椎化石

（五）宁明县海丘水电站

2017 年 6 月，宁明县特殊教育学校秦剑老师向宁明县文物管理所提供了一条线索。15 年前，他在海渊镇当老师的时候，在海丘水电站附近的明江河边捡到了不少大型动物骨骼化石。一开始他以为是大象化石，就没有及时向当地文物部门报告。根据宁明县文物管理所提供的照片，广西自然博物馆工作人员确定，这些动物骨骼就是恐龙化石。由秦老师带路，广西自然博物馆和宁明县文物管理所的工作人员到现场进行了考察。这是一处大型挖土场，有不少恐龙骨骼化石已经暴露。经初步鉴定，发现的化石种类包括蜥脚类、半椎鱼类、鳄类、龟类等。工作人员根据地质图等资料，结合现场考察，确定这是一处侏罗纪早期的恐龙化石地点，也是迄今为止广西发现的年代最早的恐龙化石地点。

秦剑及其发现的恐龙骨骼化石

宁明海丘恐龙化石地点　　　　地层表面发现的恐龙化石（红色箭头所指）

小窍门：如何寻找恐龙化石

寻找恐龙化石是一个神秘而又惊喜的过程，需要一点运气的同时，了解一点基本的地质学知识也是必要的。

小窍门1：了解一点古生物化石知识

什么是化石？在漫长的地质年代里，地球上曾经生活过无数的生物。这些生物或生物活动所遗留下来的痕迹中，仅有极小部分被河流、湖泊或者海洋中的泥沙所掩埋，或者被风沙、火山灰和冻土物质所覆盖，又或者被植物分泌的黏性树脂（琥珀）所包裹，一直保存至今。我们把这些遗留下来的生物遗体或遗迹称为化石。古生物化石是了解地球生命演化和探索恐龙奥秘的唯一证据，被称作记录地球生命历史的"文字"。

根据地层中的化石，我们可以推断出远古动植物的生活面貌、生活环境、生活年代和演化历史等。比如，远古地球上曾经生活了哪些动物和植物？鸟类是从非鸟恐龙演化而来的吗？人类起源于何种动物？……

有许多观赏石的外形看上去很像某种动物或植物，但与地质历史时期的生物及其遗迹无关，称为假化石。

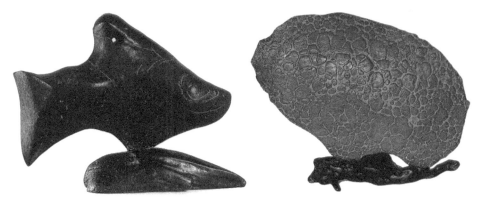

假化石

假化石

小窍门 2：充分利用地质图

知道了什么是化石，那么，到哪里去寻找恐龙化石呢？那就得利用好地质图了。

地质图是地质工作者通过地质调查而绘制的一种特殊地图，它注明了哪个地区会出露什么时代的地层，喷发什么时代的火山岩体，产生什么样的地质构造等。我们就可以根据地质图来判断什么地方可能有侏罗纪和白垩纪的恐龙化石地层出露，从而最大限度缩小恐龙化石地层的寻找范围。

当然，由于地质图是人为绘制的，有时候也会"出错"。比如，广西南宁石火岭恐龙化石地点在最早的地质图上就没有标注是白垩纪地层，而是标注了第三纪地层。后来，在这个地点无意中发现了巨龙和鸭嘴龙的化石。根据这个发现，地质工作者将该地点标注为白垩纪地层——瓦窑村组，岩性为紫红色钙质泥岩、夹钙质细砂岩和粉砂岩，底部夹团块状、透镜状泥灰岩。

三叠纪出露地层约占广西陆地总面积的四分之一，大部分为海相或者海陆交互相沉积。理论上说，除了三叠纪沉积，在广西出露的侏罗纪和白垩纪陆相地层中都有可能找到恐龙化石。

小窍门 3：了解恐龙化石的形成过程

有了地质图，就可以到出露恐龙化石地层的地区去寻找恐龙化石了。广西恐龙化石地层分布广泛，有些地区出露面积达几十甚至几百平方千米，但是否都能找到恐龙化石，不确定性很大。有些地区的恐龙化石比较多，有些地区的恐龙化石就很零星，而绝大部分地区没有任何发现。为什么会这样呢？这与恐龙化石的形成过程有关。

一般情况下，大多数恐龙死亡以后会面临以下几种情况：一是被其他食肉动物吃掉；二是在旷野中被各种微生物分解；三是被洪水冲到河流、湖泊中浸泡，最后化为无形；四是极小部分恐龙被埋在地层中，被碳酸钙、二氧化硅和黄铁矿等无机物替代，形成化石。也就是说，恐龙化石的形成概率很低。

当然，还有另外一种特殊情况可以使恐龙很容易完整保存下来形成化石，比如发生了泥石流、沙尘暴、火山爆发等突发事件，恐龙死后被淤泥、沙土、火山灰等物质迅速掩埋覆盖，最终形成较为完整的化石。

然而，幸运保存下来的恐龙化石中绝大多数都深埋在地下，只有很小一部分化石由于地壳抬升而露出地表，人们才有机会去发现它们。

化石的形成过程告诉我们，并非所有恐龙时代的沉积岩中都保存有恐龙化石，有些地层富含恐龙化石且比较完整，有些地层保存的恐龙化石非常稀少，大部分地区的地层则根本没有保存恐龙化石。

也就是说，要想找到恐龙化石，仅仅掌握相关的地质知识还不够，还要勤跑多看，积累经验。

出露侏罗纪地层的戈壁滩
是寻找恐龙化石的理想地区

小窍门 4: 到哪里寻找恐龙化石——以广西那派盆地为例

那派盆地是扶绥县主要的甘蔗和桉树种植区，没有完好的恐龙化石地层出露，非常不利于恐龙化石的寻找。每年的夏季至冬季，整个盆地就成了绿色的海洋。钻进甘蔗地里寻找化石是不明智的，因为在甘蔗林里不仅分不清东西南北，甚至可能迷路，而且找到的化石还不一定是原地犁出来的。所以野外调查最好安排在春耕时节，那个时候大部分的甘蔗已经收割，水田、山丘、村庄尽收眼底，视野非常开阔，至少走路时知道路在何方，不会迷失方向。

恐龙化石尽管已经露出地表，但由于化石外包裹了不少围岩，所以极具欺骗性，不少老百姓会把它们当成普通的石头随意丢弃，有些被砸开的化石也仅仅引起他们的一点点好奇心而已，最终还是被搬到路边或者耕地边。

从 2008 年起，广西自然博物馆联合法国国家科学研究中心、法国里昂第一大学、泰国马哈撒拉堪大学古生物研究与教育中心等的古生物专家，对那派盆地恐龙化石地层进行调查。调查队开始也是先调查盆地出露的地层，这些地层没有杂草覆盖，若有化石当然不容易错过。调查过程中最容易忽略的是路边或者甘蔗地边的"石头"，这些"石头"堆里很可能就有恐龙化石碎块，或者岩石表面有时会有一些脊椎动物，如淡水鲨鱼和恐龙的牙齿化石。调查队有时也会经常看老百姓犁过的耕地，这些耕地本身就是白垩纪地层风化而成，也可能会犁出一些恐龙化石碎块，指示地下很可能还埋藏有恐龙化石。

1. 甘蔗地边

2. 砂砾岩表面

3. 出露的地层

4. 大路边

第 三 章
发掘与保护

在野外发现恐龙化石线索后，下一步工作就是要对化石地点进行科学地发掘，把恐龙化石从地层中挖出来，再运回博物馆进行修理、研究和装架展示。

迄今为止，已对广西6个恐龙化石地点开展了野外发掘，分别是上英屯（1973年）、石火岭（1990年）、笼草岭（2001年和2016年）、江山半岛（2007年）、大塘镇（2011年）和下妙屯（2017年），获得了种类丰富的恐龙化石材料。迄今已经修复和装架了大石南宁龙、右江清秀龙、何氏六榜龙、赵氏扶绥龙和扶绥中国上龙。

一、上英屯恐龙化石地点

该地点位于扶绥县山圩镇上英屯北面约400米处，1972年被广西地质局区域地质测绘大队队员发现。1973年5月4日，中国科学院古脊椎动物与古人类研究所、广西壮族自治区博物馆和扶绥县文化局等单位组成联合发掘队，对上英屯恐龙化石地点进行正式发掘，发掘面积约24平方米，发掘土方约40立方米。至5月12日止，全部化石都已被揭露出来。化石装箱运到北京之前，技术人员对出露的化石进行加固、绘图和照相。为了向群众宣传古生物化石，发掘工地对外开放2天，吸引了大量群众前来围观，时任自治区党委书记乔晓光也到现场进行了视察。

这次发掘共发现肉食性恐龙牙齿化石4颗，植食性恐龙牙齿化石1颗，上龙类牙齿化石5颗，还有其他恐龙骨骼化石包括颈椎、颈肋和背肋等。经当时参加发掘的中国科学院古脊椎动物与古人类研究所专家侯连海等人研究，正式命名了2个恐龙新属种（广西亚洲龙和广西原恐齿龙）和1个蛇颈龙类新属种（扶绥中国上龙，后来经重新研究确定为棘龙类），其他动物化石包括瓣鳃类、鱼类、龟鳖类等。

广西首次开展恐龙化石发掘场景

广西恐龙
GUANGXI KONGLONG

二、石火岭恐龙化石地点

石火岭位于南宁市西乡塘区金陵镇大石村西面，距离右江直线距离约200米。石火岭四周都是一些低矮的丘陵，丘陵之间是小冲沟，丘陵耕土层较厚，常年种植香蕉和玉米。

1990年10月，广西自然博物馆、广西地质研究所和南宁市文物管理委员会联合对石火岭进行了发掘。当时，发掘恐龙化石的工具只有铁锤和钢钎，没有勾机，没有电镐，工作人员全都是人工发掘，抡铁锤、推斗车、挥铁铲等。由于埋藏化石的地层较深，有时不得不使用炸药炸开坚硬的石头覆盖层。

石火岭恐龙化石地点发掘现场

这次发掘历时 3 个多月，发掘土方 600 立方米，发现了材料丰富的鸭嘴龙和蜥脚类恐龙化石。发掘完成后，工作人员采用皮劳克技术对出露的恐龙化石进行包装，确保恐龙化石在装车、长途运输和卸车过程中不会受压而折断、破裂。由于石火岭距离公路较远，工作人员先用牛车把皮劳克一件件搬到路边，再装上汽车运到广西自然博物馆修复室。

　　1991 年，工作人员将皮劳克一件件打开，开始修理和复原石火岭的恐龙化石。1994 年 2 月，广西第一具恐龙骨架——大石南宁龙的复原和装架工作顺利完成。大石南宁龙属于鸭嘴龙，长 8 米，高 3.5 米，于 1994～1995 年先后在广西南宁、柳州、横县，广东湛江、茂名、肇庆、罗定，贵州贵阳等地展出。

大石南宁龙修复和装架现场

三、笼草岭恐龙化石地点

笼草岭位于扶绥县山圩镇平搞村六榜屯东南约 250 米处，距离上英屯恐龙化石地点约 1000 米。1973 年以来，虽然在笼草岭发现了许多大块的恐龙化石，但是一直没有找到恐龙的埋藏地层。

（一）第一期发掘

2001 年 8 月 6 日上午，广西自然博物馆根据新光屯村民何文坚提供的线索，对笼草岭恐龙化石地点进行发掘。当时，整个笼草岭都种满了甘蔗，看不到任何地层露头。

当天下午，发掘队在开车前往笼草岭的路上还在想："这次发掘的结果会不会同 1994 年一样一无所获？"没想到刚走进六榜屯，许多村民就告诉发掘队说挖到了恐龙化石。发掘队听说后非常兴奋，几乎是小跑着赶到笼草岭，一看果然是恐龙化石，而且是埋藏在地层里的，真可谓"踏破铁鞋无觅处，得来全不费功夫"。

据发现者刘星政说，他是在清理地边杂草时发现这块化石的。事后，他兴奋地跟记者这样描述："我一铲下去，'咣'的一声，我就琢磨着可能会是恐龙化石，果然没错。"

刘星政挖到笼草岭第一块恐龙化石

笼草岭发掘现场

　　发现第一件化石后，发掘队顺着地层细心发掘，逐步扩大发掘范围。在随后的 10 多天时间里，工作人员陆陆续续找到 100 多件恐龙骨骼化石，包括髂骨、股骨、肋骨、颈椎、尾椎、荐椎、胸骨、胫骨、耻骨以及关联的背椎等。发掘现场经常传出发掘队队员因为挖到恐龙骨骼化石而发出的惊呼声，每个人的脸上都洋溢着笑容。

　　时值南方雷雨季节，临时搭建的保护棚几次被狂风骤雨掀翻。夏季的太阳异常火辣，即使在工棚底下也感觉像在桑拿房里一样。数不清的黑色小蚊子频频光顾，专门叮咬那些光膀子干活的技术人员。尽管条件艰苦，但发掘工作进展得较为顺利。

　　由于笼草岭化石地层出露浅，常年受到雨水的浸泡，而且耕土层的植被根系对化石和地层破坏也很厉害，变得松软的化石地层很容易发掘，仅用小铁铲和小刷子就可以将化石清理出来。

　　但是，埋藏较浅的化石同样也被雨水浸泡和受到植被根系的破坏，绝大部分化石都裂成几块、十几块，有些大块的骨骼化石甚至裂成几十块。发掘过程中，技术人员必须小心翼翼地处理这些化石的裂缝，不断地给化石打胶。一旦这些"龟裂"的化石垮塌，就再也复原不回来了。

　　2002 年 3 月，技术人员采用皮劳克和套箱方法，将在地层中发现的所有化石进行打包，然后用牛车和拖拉机将打包好的皮劳克和套箱搬到公路边，最后使用起重车把它们吊装到大卡车上。

笼草岭发掘现场

笼草岭发掘现场

广西恐龙
GUANGXI KONGLONG

化石保护现场

恐龙专家赵喜进研究员在发掘现场

2002年4月，笼草岭恐龙化石的修复工作全面展开。由于化石裂缝较多，断裂部位需要用胶水粘接，大的裂缝要用石膏或环氧树脂等黏合剂填充修补。整个修复工作持续了一年多，共修复恐龙骨骼化石100多块。这批修复的化石由大、中、小3个蜥脚类恐龙个体组成，就好似"一家三口"，分别为赵氏扶绥龙、何氏六榜龙和1个未成年个体。

室内修复现场

（二）第二期发掘

2001 年的发掘之后，笼草岭恐龙化石发掘坑北侧的甘蔗地仍有不少化石碎块陆续被"犁"出来。2016 年 7 月至 2018 年 1 月，广西自然博物馆在笼草岭恐龙化石发掘坑北侧开展了第二次发掘，发掘面积约 1000 平方米。

笼草岭第二期发掘现场

保护棚——恐龙化石发掘现场

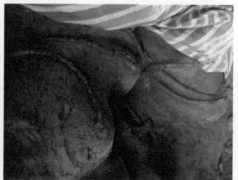

出露的恐龙化石

化石修理和保护现场

第二期发掘共发现恐龙化石 100 多件，其中有 70 多件保存在原址。根据大小和形态判断，这些骨骼化石大部分属于未成年的蜥脚类和鸟脚类恐龙。引人注目的是，有一件巨型蜥脚类恐龙的肱骨长度超过了 180 厘米，是迄今为止发现的世界上最长的白垩纪蜥脚类恐龙肱骨化石。

四、江山半岛恐龙化石地点

　　该地点位于防城港市江山半岛西岸，2002 年被旅游爱好者发现。由于该地点处于潮水的淹没范围，广西自然博物馆在 2007 年 10 月利用了 2 天的退潮间隙，将露出的恐龙背椎化石挖出，但没有机会进一步扩大发掘面积。

江山半岛恐龙化石发掘现场

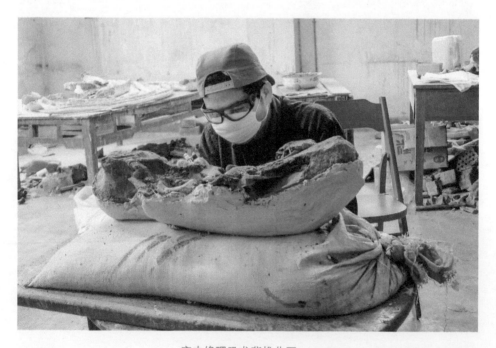

室内修理恐龙背椎化石

五、大塘镇恐龙化石地点

该地点位于广西南宁市良庆区大塘镇那造村的一处山坡上，2010 年被广西壮族自治区区域地质调查研究院地质调查队队员发现。

2011 年 10 月，广西自然博物馆与广西壮族自治区区域地质调查研究院第三分院联合对该地点进行了发掘。工作人员首先确定了化石的出露位置和出露范围，并用小型工具对出露化石的围岩进行初步清理。为避免化石遗漏，工作人员扩大了发掘范围，发掘了一个长约 22 米、宽 12 米、深 0.5 ～ 2 米的大坑，最终获得了 7 个关联保存的恐龙脊椎化石。为了便于运输，工作人员沿着化石和围岩的自然断裂部位，将长 1 米多的恐龙脊椎化石和围岩分块打包，制作了 3 个皮劳克，运回博物馆实验室修理。

大塘镇恐龙化石发掘现场

室内修理恐龙化石

六、下妙屯恐龙化石地点

该地点位于下妙屯西面一个小山坡的北侧，整个小山坡种满了甘蔗。2017 年 10 月开始发掘，发掘时间累计 3 个多月，共清理耕土层面积约 5000 平方米，累计发掘面积超过 2000 平方米，发掘深度 50～500 厘米。

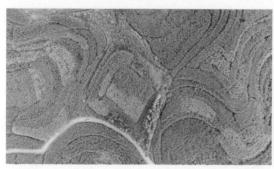

发掘前和发掘后对比（熊铎摄）

第一阶段，使用勾机清理山坡的耕土层和埋藏有化石地层的覆盖层。

第二阶段，技术人员使用电镐、地质锤、小钢钎、斗车、小铁铲、小刷子等工具，对埋藏在化石层位中的恐龙骨骼进行发掘，露出化石轮廓。

第三阶段，技术人员使用小型修理工具进一步细心修理露出地层的恐龙骨骼化石。

恐龙化石发掘现场

发现的蜥脚类恐龙股骨和尾椎化石

    这次发掘共发现蜥脚类恐龙骨骼化石 21 件，包括股骨、尾椎、肋骨等，其中股骨长度达 175 厘米。这些化石呈不关联状态保存，大部分骨骼保存不完整，一些骨骼甚至没有保存骨面，风化较为严重，为典型的异地埋藏。从股骨的大小判断，该化石点有 2 个蜥脚类恐龙个体，大个体的股骨长 175 厘米，小个体的股骨长约 139 厘米。从尾椎椎弓和椎体愈合情况分析，愈合很好的中部尾椎应属于成年的大个体蜥脚类，愈合不是很好的前部尾椎可能属于接近成年的小个体蜥脚类。从埋藏恐龙化石地层中的砾岩分析，含恐龙骨骼化石地层为洪冲积成因。由于骨骼分布较零散，形态不规则，个体不完整，推测应是大规模的洪水将恐龙骨骼冲到此聚集后，再混合泥浆、砾石并形成泥石流堆积于河床之上。

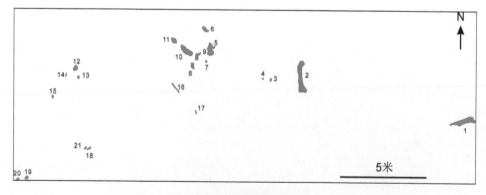

恐龙化石埋藏素描图

小常识：如何发掘修理恐龙化石

恐龙化石的发掘和修理是恐龙研究过程中非常重要的环节。

在山沟里或在地层中发现恐龙化石出露时，人通常都会猜测到，恐龙的大部分骨骼化石可能还埋藏在岩石中。为了能够完整地观察化石，古生物学家必须把它们挖出来，并运回实验室进行修理，剔除化石周围的岩石，这个过程就是化石的发掘和修理。在这个过程中，一些重要的地层信息、埋藏信息和恐龙化石信息等，都需要细心记录、采集和保护。

小常识1：恐龙化石发掘的专业性

恐龙化石的发掘，简单地说就是把恐龙骨骼化石从地层中发掘出来，但发掘过程可不像农民挖红薯那么简单，它具有专业性和科学性。

通过科学发掘，人们才能够了解生活在距今亿万年的地球上的恐龙保存下来的一些埋藏信息，比如：恐龙生存在地球历史的哪个时期？恐龙是如何死亡的？是生前被埋藏还是死后被埋藏？是在死亡地埋藏，还是死亡后被搬运一段距离再埋藏？被埋藏的环境是河流还是湖泊？……因此，发现了珍贵的恐龙化石之后，应当采取专业的发掘措施，以求最大限度地获取恐龙及其埋藏地层的信息。

一般来说，恐龙化石的发掘要经过以下步骤：了解埋藏化石地层情况；揭露围岩，暴露出恐龙化石轮廓；对出露的化石进行摄像、拍照和绘图，记录埋藏现场，绘制埋藏图；对发现的化石依序编号；使用皮劳克或者套箱的办法将化石和围岩整体打包，运回实验室。

小常识2：恐龙化石发掘工具选择

恐龙化石发掘不同于文物发掘。发掘文物时，考古人员通常要用小铁铲、小刷子等工具，将文物周围的泥土小心翼翼地清掉，最终暴露出遗址中的文物。

而在恐龙化石发掘中，发掘人员需要清除的是松软泥土还是坚硬岩石，完全取决于化石埋藏的深度，以及围岩遭受风化的程度。一般来说，化石埋藏越深，围岩风化越轻微，化石层就越坚硬；化石埋藏越浅，围岩风化越严重，化石层就越松软。根据不同埋藏深度选择不同的发掘工具，较浅较松软的土层选择小型手动工具如手镐、铁铲、钢钎、地质锤等，较深较坚硬的岩层选择中型电动工具如电镐等。若是恐龙化石埋藏很深，得动用挖掘机和推土机等大型机械工具来清理覆盖层。特殊情况下，还要使用炸药把坚硬的覆盖层炸碎后才能搬走。

另外，野外发掘化石时还需要准备一些必不可少的辅助工具，如毛刷、包装纸、石膏粉、绷带、胶带、胶水、记号笔、麻袋布等。化石在发掘过程中时有断裂等情况发生，还应准备各种黏合剂和加固剂，如大力胶、硝基清漆、502胶等。

小常识3：恐龙化石包装运输方法

从地层中取出恐龙化石，必须要进行包装和加固。小块化石可以用卫生纸、棉纸和纱布包起来，放在样品袋中。对风化严重、断块较多的化石，或者几个部位相互叠压的化石，就必须采用皮劳克或者套箱方法，将这些化石和围岩整体打包，运回实验室后再慢慢地细心修理。

皮劳克的制作方法：一是确定皮劳克的大小。根据化石的大小，在其周围挖沟，沟的深度要超出化石的厚度，深沟围成的化石和围岩的长度、宽度与深度即是皮劳克的大小。二是将坚韧的麻袋布浸泡在用水和匀的熟石膏水（糊）中制成石膏绷带，在化石和围岩表面铺上石膏绷带。露出表面的化石要先用柔软的湿纸片覆盖，避免化石和石膏绷带直接接触，便于日后的化石修理。三是根据皮劳克的大小和重量决定石膏绷带的层数，一般为2～3层，必要时可以加到5～6层。若是皮劳克太大太长，还要在皮劳克里加入竹竿、钢筋或木条进行加固，确保皮劳克在搬运过程中不开裂。四是石膏绷带完全硬化后，将皮劳克的根部围岩收小，使之呈蘑菇状。五是将蘑菇状皮劳克翻转过来，底部向上，重复第二个步骤，皮劳克便制作完成了。

套箱的制作方法：和皮劳克的制作方法基本一样，只是把包装用的石膏绷带换成了木板制成的套箱。根据化石和围岩的尺寸，选取大小适合的木板，把木板钉成没有底板和顶盖的木箱，套在化石和围岩上，浇灌调和好的熟石膏水，直至灌满箱顶，封上顶盖。待石膏硬化后，掏空箱底围岩，将套箱翻转过来，钉上底板，套箱制作便完成了。

皮劳克和套箱制作完成后，就可以装车运输了。装车辅助工具包括长的圆木、麻绳、撬棍和葫芦吊等，道路条件允许的话还可以使用叉车或者汽车起重机。运输工具可根据道路的情况选择，一般有牛车、农用拖拉机或大型卡车等。

小常识4：恐龙化石室内修理方法

恐龙化石的修理主要采用传统的机械方法进行，修理工具包括刷子、錾子、锤子、钢针、气动风刻笔等，若是修理重要的头骨化石，还需要在体视显微镜下进行。在修理化石过程中，有时候还需要在断裂的化石上涂胶水和树脂进行加固保护。

对于包裹在坚硬围岩中的微小化石，如果用机械方法去掉围岩，很容易对化石造成伤害。这时就需要使用酸醋来溶蚀围岩，这种方法被称为酸处理方法。

第四章

恐龙研究

　　广西的恐龙研究始于20世纪60年代。1963年，广西区域地质测量队二分队（现广西区域地质调查研究院）在桂平市社步盆地社坡水库坝首发现了鸟脚类恐龙胫骨化石，这是广西恐龙化石的首次发现。1975年，中国科学院古脊椎动物与古人类研究所专家侯连海等人基于野外发掘成果，首次报道了广西扶绥那派盆地发现的白垩纪早期爬行动物群化石，包括鱼类、龟类、鳄类和恐龙类，并建立了恐龙新属种广西亚洲龙和广西原恐齿龙，还有水生爬行动物扶绥中国上龙（后来重新鉴定为棘龙类恐龙）。1979年，恐龙专家董枝明对扶绥发现的鸟脚类化石也进行了报道。20世纪90年代初，南宁市郊区那龙镇发现了恐龙化石，赵仲如等人对发现和发掘的情况进行了报道，莫进尤等人对该地点的恐龙化石进行了研究，建立了恐龙新属种大石南宁龙和右江清秀龙。2001年，扶绥县那派盆地再次成为广西恐龙研究的热点，在笼草岭恐龙化石地点发掘了3具蜥脚类恐龙化石，其中的2具分别被命名为赵氏扶绥龙和何氏六榜龙。与此同时，在防城港市江山半岛首次发现了侏罗纪时期的真蜥脚类恐龙。从2008年起，广西自然博物馆与法国、泰国的古生物学家定期合作，连续多年在那派盆地开展野外调查工作，并对那派盆地新隆组脊椎动物群的组成和地层年代进行了综合研究。2010年，南宁市良庆区大塘镇那造村发现了广西第一具兽脚类恐龙骨骼化石，命名为广西大塘龙。2016~2018年，扶绥笼草岭再次发掘出许多蜥脚类恐龙的骨骼化石材料，包括长达183厘米的赵氏扶绥龙右肱骨，进一步证实了广西在白垩纪早期曾经有巨型蜥脚类恐龙生存。

　　广西迄今已找到真蜥脚类、泰坦巨龙形类、泰坦巨龙类、棘龙类、鲨齿龙类、禽龙类、鸭嘴龙类和鹦鹉嘴龙类等恐龙种类，已命名的有扶绥中国上龙、大石南宁龙、右江清秀龙、赵氏扶绥龙、何氏六榜龙和广西大塘龙，另有疑似种广西亚洲龙和广西原恐齿龙。

广西已发现的恐龙种类（改自 Sereno et al., 1999）

真蜥脚类
何氏六榜龙
赵氏扶绥龙
右江清秀龙

扶绥中国上龙
广西大塘龙
鲨齿龙类

恐龙家族

Riojasaurus
Yunnanosaurus
Massospondylus
Lufengosaurus
Sellosaurus
Plateosaurus
Vulcanodon
Shunosaurus
Omeisaurus
Barapasaurus
DICRAEOSAURIDAE
DIPLODOCIDAE
Haplocanthosaurus
BRACHIOSAURIDAE
Camarasaurus
Euhelopus
TITANOSAURIA

Eoraptor
HERRERASAURIDAE
Elaphrosaurus
Ceratosaurus
ABELISAURIDAE
Dilophosaurus
Liliensternus
Ornitholestes
COELOPHYSIDAE
TORVOSAURIDAE
SPINOSAURIDAE
ALLOSAUROIDEA
COMPSOGNATHIDAE
ALVAREZSAURIDAE
ORNITHOMIMIDAE
THERIZINOSAURIDAE
TYRANNOSAUROIDEA
OVIRAPTOROSAURIA
DROMAEOSAURIDAE
TROODONTIDAE
Archaeopteryx
CONFUCIUSORNITHIDAE
ENANTIORNITHES
EUORNITHES

Pisanosaurus
Lesothosaurus
Scutellosaurus
Emausaurus
Scelidosaurus
Huayangosaurus
Dacentrurus
STEGOSAURINAE
Hylaeosaurus
NODOSAURINAE
Gargoyleosaurus
Minmi
ANKYLOSAURINAE
HETERODONTOSAURIDAE
HYPSILOPHODONTIDAE
Muttaburrasaurus
Tenontosaurus
DRYOSAURIDAE
CAMPTOSAURIDAE
IGUANODONTIDAE
Ouranosaurus
Probactrosaurus
Protohadros
HADROSAURINAE
LAMBEOSAURINAE
Stenopelix
Goyocephale
Homalocephale
Stegoceras
Prenocephale
Stygimoloch
Pachycephalosaurus
Psittacosaurus
Chaoyangsaurus
Leptoceratops
PROTOCERATOPSIDAE
Montanoceratops
Turanoceratops
CENTROSAURINAE
CERATOPSINAE

禽龙类
大石南宁龙
鹦鹉嘴龙类

一、蜥脚类

真蜥脚类 Eusauropoda
真蜥脚类未定种 Eusauropoda gen. et sp. indet.

参考标本　NHMG 10441（广西自然博物馆标本编号，后同），一节近乎完整的中部背椎。

产地与层位　广西防城港市江山半岛，中侏罗统石梯组。

鉴别特征　椎体平凹型，腹面发育纵向棱脊，背腹向略微压扁，侧凹简单；椎弓较高，内部发育气腔构造，椎体副突前板存在，椎弓前后发育垂直的中脊线板，后下关节突－前下关节凹构造发育；神经棘前后板不存在，神经棘横突板发育，神经棘横突板与神经棘后关节突板接触，神经棘后关节突板分叉，后关节突下面发育附属板；神经棘横宽大于前后长度。

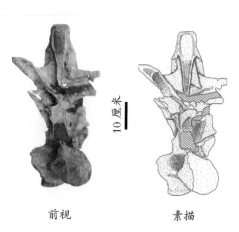

10 厘米

前视　　　　素描

中部背椎化石

说明　此标本的椎体为平凹型，比峨嵋龙原始。侧凹比蜀龙和元谋龙发育。尽管标本的形态与迄今发现的蜥脚类恐龙都不尽相同，但由于材料较少，故鉴定为真蜥脚类未定种。

50 厘米

江山半岛真蜥脚类恐龙复原示意图（改自 Wilson and Sereno，1998。灰色部位为保存的背椎化石）

新蜥脚类 Neosauropoda
泰坦巨龙形类 Titanosauriformes
赵氏扶绥龙 *Fusuisaurus zhaoi*

名称由来　扶绥，指化石产地扶绥县；赵氏，指"中国恐龙王"、恐龙专家赵喜进研究员，他曾多次到广西考察和指导，对广西恐龙的研究做出了重要贡献。

正型标本　NHMG 6729，3 节关联保存的前部尾椎，部分背肋，左髂骨，左耻骨，左股骨远端。

参考标本　右肱骨。

产地与层位　扶绥县山圩镇平搞村六榜屯笼草岭，下白垩统新隆组。

鉴别特征　前部尾椎横突背腹向平坦；前部背肋板状，近端缺失气腔构造；肱骨纤细指数 8.55，近端粗壮系数 2.63；髂骨前突背腹向强烈扩张，髂骨前突前缘与腹缘锐角相交，指向腹前侧。

说明　赵氏扶绥龙是白垩纪早期最大型的蜥脚类恐龙之一，其左髂骨长度达到 145 厘米，在所有已经报道过的蜥脚类恐龙中是最大的；右肱骨保存长度为 183.5 厘米，是已知白垩纪蜥脚类恐龙中最长的（见表 1）。赵氏扶绥龙最初被认为是泰坦巨龙形类的基干类型，另有一些学者根据系统分析结果，认为赵氏扶绥龙可能属于海绵椎类或多孔椎龙类（Somphospondyli）。从骨骼大小判断，赵氏扶绥龙的体长可达 30 米，体重约 35 吨，是白垩纪最大的蜥脚类恐龙之一。为什么它会长得这么巨大？这可能跟白垩纪早期茂密生长的蕨类植物和裸子植物，以及华南地区温暖湿润的外部生活环境有关。

表 1　白垩纪巨型蜥脚类恐龙大小对比表

恐龙名称	产地	肱骨长度	推测体重
赵氏扶绥龙	中国	183.5 厘米	35 吨
南巨龙	阿根廷	176.0 厘米	60 吨
潮汐龙	埃及	169.0 厘米	49 吨
巴塔哥巨龙	阿根廷	167.5 厘米	69 吨
无畏龙	阿根廷	160.0 厘米	59 吨
富塔隆柯龙	阿根廷	156.0 厘米	38 吨

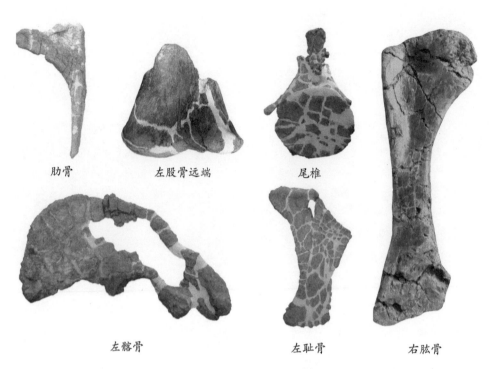

肋骨　　　　　左股骨远端　　　　　尾椎

左髂骨　　　　　左耻骨　　　　　右肱骨

赵氏扶绥龙骨骼化石（不按比例）

赵氏扶绥龙复原示意图（白色部位为保存的骨骼化石）

广西恐龙
GUANGXI KONGLONG

泰坦巨龙形类 Titanosauriformes
何氏六榜龙 *Liubangosaurus hei*

名称由来　六榜，指化石产地所在地六榜屯；何氏，指当地村民何文坚，是他给广西自然博物馆写信报告了恐龙化石的线索。

正型标本　NHMG 8152，关联保存的 5 节中部背椎。

产地与层位　扶绥县山圩镇平搞村六榜屯笼草岭，下白垩统新隆组。

鉴别特征　椎弓较高，约为椎体宽度的两倍，椎弓侧面无特征；前关节突与副突距离近，下横突板与副突之间发育窝坑，下横突板向腹侧垂直延伸，末端分叉，呈倒立的"Y"字形；副突呈泪滴状。神经棘低，高度与横突几乎持平，末端膨大。

说明　何氏六榜龙最初被认为属于真蜥脚类，但另有一些学者认为其属于泰坦巨龙形类中的海绵椎类或多孔椎龙类（Somphospondyli）。笼草岭恐龙化石发掘坑中，除赵氏扶绥龙与何氏六榜龙正型标本外，还发现了一些蜥脚类恐龙其他部位的骨骼化石，包括颈椎、荐椎、尾椎、背肋、胫骨、腓骨、髂骨、耻骨和坐骨等，从骨骼大小推测，它们可能属于何氏六榜龙。

100 厘米

何氏六榜龙复原示意图（改自 Wilson and Sereno，1998。灰色部位为保存的化石）

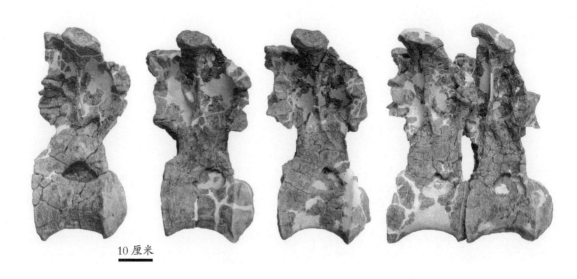

10 厘米

何氏六榜龙的 5 节背椎化石右侧视

泰坦巨龙类 Titanosauria
右江清秀龙 *Qingxiusaurus youjiangensis*

名称由来　清秀，即山清水秀，寓意广西美丽的自然环境；右江，指邕江上游右江段，距离恐龙化石产地约 200 米。

正型标本　NHMG 8499，1 段较完整的前部尾椎神经棘，左右胸骨板，左右肱骨。

产地与层位　南宁市西乡塘区那龙镇大石村石火岭，上白垩统瓦窑村组。

鉴别特征　尾椎神经棘高，桨状，棱脊不发育；胸骨与肱骨长度比值约 0.65。

说明　一些学者根据肱骨远端前缘不分离的尺骨髁与桡骨髁形态特征，认为右江清秀龙属于更进步的岩盔龙类。在石火岭发掘坑中，还发现了蜥脚类恐龙一些其他部位的骨骼化石，包括牙齿、颈椎、掌骨、股骨和部分跖骨等，这些骨骼可能属于右江清秀龙。根据股骨和肱骨的骨干周长，推测其体重约为 17 吨。

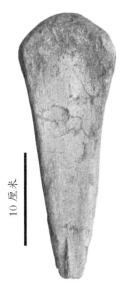

尾椎神经棘 右胸骨 左肱骨

右江清秀龙的正型标本

二、兽脚类

鲨齿龙类 Carcharodontosauria

广西大塘龙 *Datanglong guangxiensis*

名称由来　以化石产地命名，即广西南宁市良庆区大塘镇。

正型标本　GMG 00001（标本保存于广西自然资源档案博物馆），关联的腰带骨骼，包括最后 1 个背椎，5 个荐椎，第一和第二尾椎，第一脉弧，较完整的髂骨，不完整的耻骨和坐骨。

产地与层位　南宁市良庆区大塘镇那造村，下白垩统新隆组。

鉴别特征　背椎发育泪滴状空腔，前关节突附突板水平状，附突比横突侧向延伸更大；髂骨短肌窝浅，且有短、呈脊状内侧锋；髂骨的耻骨柄后缘向后腹侧延伸。

说明　广西大塘龙最初归为鲨齿龙类，后期也有学者提出应属于大盗龙类。这两类都是大型肉食性恐龙，头骨较大，牙齿锋利，奔跑速度快。根据髂骨大小推测，广西大塘龙的体长约为8米。

10厘米

广西大塘龙的腰带和尾椎化石

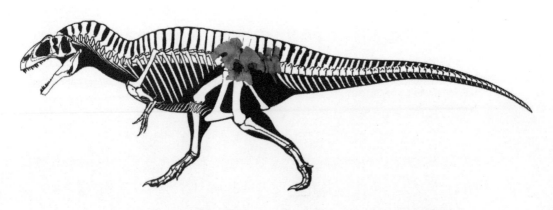

广西大塘龙复原示意图（改自 Brusatte，2012。灰色部位为保存的化石）

鲨齿龙类 Carcharodontosauria
鲨齿龙科未定种 Carcharodontosauridae gen. et sp. indet.

参考标本　NHMG 10858，1 颗牙齿。

产地与层位　扶绥县山圩镇平搞村派芒屯，下白垩统新隆组。

标本描述　牙齿较大，保存高度 71 毫米，牙冠根部纵向长度 37 毫米，宽度 17 毫米；侧扁，横截面呈椭圆形，前后缘尖锐。锯齿发育，前缘锯齿平均密度为每 5 毫米 12 个，后缘为 15 个。

说明　参考标本代表了迄今为止亚洲地区发现的早白垩世最大的兽脚类恐龙牙齿。根据牙齿大小进行复原，推测该兽脚类恐龙头骨长约 1 米，体长超过 10 米。

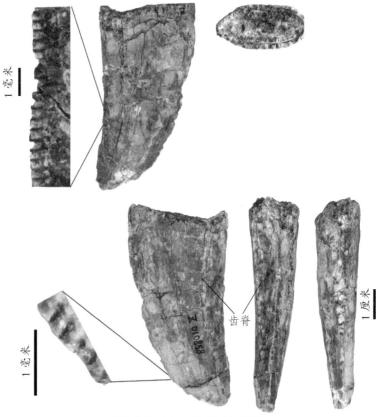

鲨齿龙类恐龙牙齿化石各面视

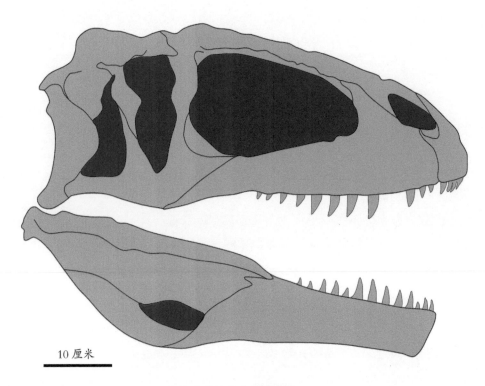

10 厘米

鲨齿龙类恐龙头骨复原图

棘龙科 Spinosauridae
棘龙亚科 Spinosaurinae
扶绥中国上龙 *Sinopliosaurus fusuiensis*

名称由来　扶绥，指化石产地扶绥县；中国上龙，即产于中国的上龙类。

正型标本　**IVPP V4793**（中国科学院古脊椎动物与古人类研究所标本编号，后同），5 颗牙齿。

产地与层位　扶绥县山圩镇那派村上英屯，下白垩统新隆组。

鉴别特征　牙齿粗大，呈圆锥状，略侧扁，微微向后弯曲，前后缘没有锯齿，齿冠表面发育细密的纵向条纹。

说明　扶绥中国上龙最初被鉴定为蛇颈龙类（一类海洋爬行动物），法国恐龙专家艾瑞克等人根据牙齿的形态特征将其重新鉴定为棘龙类（一类善于在水中捕猎鱼类的大型兽脚类恐龙）。尽管材料不多，特征也不明确，但那派盆地确实生存过棘龙类。目前发现了许多扶绥中国上龙牙齿化石，没有发现其头后骨骼材料。根据一些牙齿的长度（接近10厘米）推测，扶绥中国上龙的复原长度约为10米。广西境内发现的这种会抓鱼的巨型兽脚类恐龙，与发现的丰富鱼类动物群密切相关。鱼类动物群包括至少6种淡水鲨鱼，2种硬骨鱼类，一些淡水鲨鱼体长可达2米以上。最新的研究表明，棘龙有着像鳄鱼一样的尾巴，在水中具有极强的游泳能力。满嘴尖牙的棘龙不只是站在浅滩捉鱼吃，还可以像鳄鱼一样优雅地在水中穿行抓捕猎物。

20厘米

扶绥中国上龙牙齿化石侧视图和头骨复原图

新僵尾龙类 Neotetanurae
新僵尾龙类未定种 Neotetanurae gen. et sp. indet.

参考标本　NHMG 010199，1 颗牙齿。

产地与层位　南宁市西乡塘区那龙镇大石村石火岭，上白垩统瓦窑村组。

标本描述　牙齿经过修复后略显变形。牙齿保存高度 32.6 毫米，根部纵向长度 10.5 毫米，宽度 5.7 毫米。牙齿侧扁，远端部分发育磨蚀面。除破损和发育磨蚀面外，前缘或后缘可见明显的锯齿结构。前缘或后缘的锯齿平均密度为每 5 毫米 10 ～ 12 颗。根据牙齿形态推测，该兽脚类恐龙可能属于新僵尾龙类中的肉食龙类。

说明　参考标本代表了广西晚白垩世唯一的兽脚类恐龙。

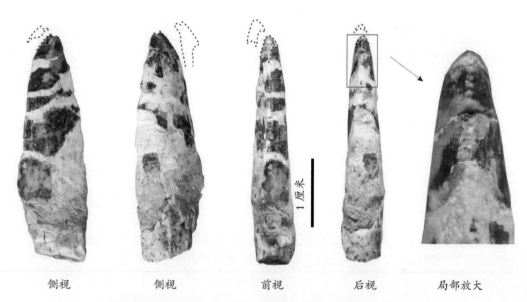

| 侧视 | 侧视 | 前视 | 后视 | 局部放大 |

新僵尾龙类牙齿化石各面视（虚线表示齿尖磨蚀面的形状和位置）

牙齿　　　　颈椎

背椎

肱骨　　　　股骨远端

禽龙类恐龙化石（不按比例）

三、鸟脚类

禽龙类 Iguanodontia
禽龙类未定种 Iguanodontia gen. et sp. indet.

化石材料　NHMG 10546，1 颗牙齿；NHMG 8135，1 个颈椎椎体；NHMG 8137，1 个前部背椎；NHMG 8134，1 段肱骨远端；NHMG 27690，1 段股骨远端。

产地与层位　扶绥县山圩镇平搞村六榜屯笼草岭，下白垩统新隆组。

说明　那派盆地于 1979 年最早发现了禽龙类恐龙化石。近些年来，通过调查和发掘，又发现了更多的禽龙类恐龙化石。尽管化石比较零散，有些还需进一步精确鉴定，但无疑证明了禽龙类恐龙在那派盆地新隆组地层中的存在。禽龙在早白垩世晚期曾广布于亚洲北部地区，在东南亚的泰国和老挝也有发现。

禽龙复原示意图（改自 Weishampel et al., 2003。灰色部位为保存的化石）

80 厘米

鸭嘴龙科 Hadrosauridae
大石南宁龙 *Nanningosaurus dashiensis*

名称由来 以化石产地命名，即南宁市西乡塘区那龙镇大石村。

正型标本 NHMG 8142，部分不关联的骨骼，包括左右上颌骨、左齿骨、左鳞骨、右方骨、基枕骨突、下颌齿、颈椎、背椎、尾椎、左肩胛骨、左右肱骨、掌骨、左右股骨、左右胫骨、左右坐骨、跖骨等。

副型标本 NHMG 8143，1 个右上颌骨。

产地与层位 南宁市西乡塘区那龙镇大石村石火岭，上白垩统瓦窑村组。

鉴别特征 上颌骨背突高而尖，颧骨突略发育；方骨下颌突横向较宽，副方骨凹口不发育；下颌齿主脊弯曲，次级脊发育；齿槽数相对较少；肱骨纤细，角状三角胸嵴不明显；坐骨骨干远端部分弯曲和膨大。

说明 系统发育分析表明，南宁龙与青岛龙的亲缘关系接近。另有一些学者认为，南宁龙属于鸭嘴龙超科的一个基干类群。大石南宁龙为华南地区第一个研究装架的鸭嘴龙类恐龙，1990 年开始发掘，1993 年复原装架，1994 年在广西自然博物馆正式对外展出。大石南宁龙体长约 8 米，体重约 7 吨，在鸭嘴龙家族中仅算得上是中等身材。巧合的是，世界上第一具研究装架的恐龙是鸭嘴龙类，命名为佛克鸭嘴龙（体长约 8 米），1838 年发现于美国纽泽西州哈登菲尔德镇，1858 年研究命名，1868 年完成装架并首次在费城自然科学院内展出。而中国第一具被发现、研究和装架的恐龙也是鸭嘴龙类，1902 年由俄国人发现于黑龙江省嘉荫县，1924 年装架（体长约 8 米），1930 年定名为黑龙江满洲龙，骨架标本现存放在俄罗斯圣彼得堡地质博物馆。

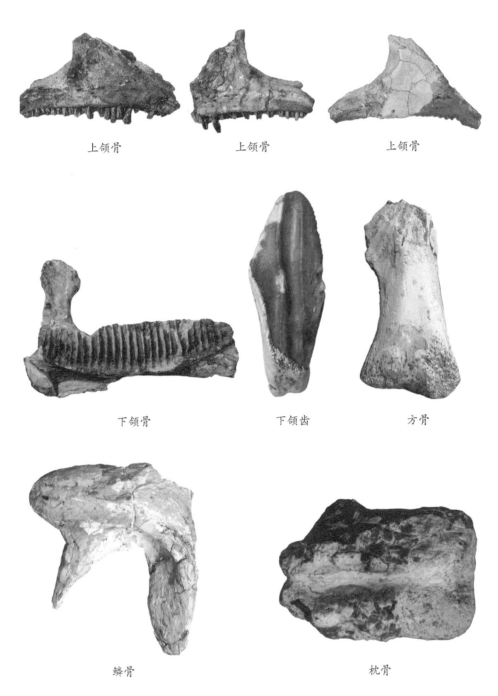

上颌骨   上颌骨   上颌骨

下颌骨   下颌齿   方骨

鳞骨   枕骨

大石南宁龙头部骨骼化石（不按比例）

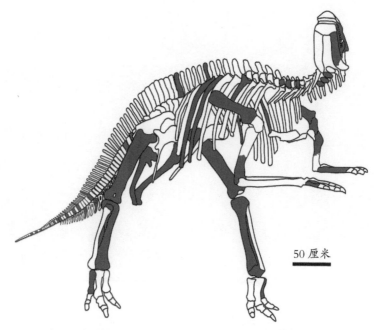

大石南宁龙骨架示意图（灰色部位为保存的骨骼化石）

世界上第一具鸭嘴龙化石骨架（1868 年）

广西恐龙
GUANGXI KONGLONG

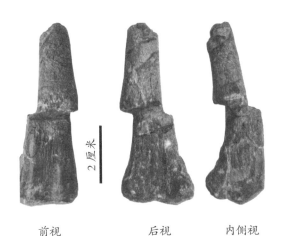

| 前视 | 后视 | 内侧视 |

鹦鹉嘴龙股骨化石

四、角龙类

鹦鹉嘴龙 Psittacosaurid

参考标本　NHMG 10860，1 件股骨远端。

产地与层位　扶绥县山圩镇平村派芒屯，下白垩统新隆组。

说明　股骨较小，形态与鹦鹉嘴龙的股骨大致类似。早白垩世的鹦鹉嘴龙化石在中国北方、蒙古和西伯利亚等亚洲北部地区极为常见，在东南亚地区的泰国和老挝同时期的地层中也有发现，所以在广西那派盆地发现也就不足为奇。但由于材料不多，能否确定为鹦鹉嘴龙的股骨尚存疑问。

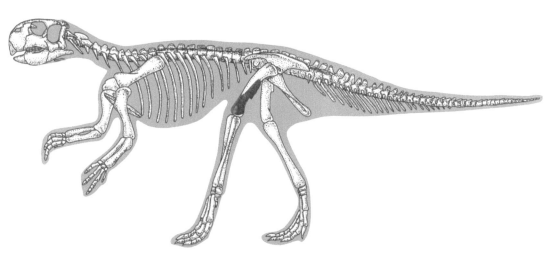

鹦鹉嘴龙复原示意图（黑色部位为保存的骨骼化石）

五、疑似种

| 广西亚洲龙 *Asiatosaurus kwangshiensis*

正型标本　IVPP V4794，1 颗牙齿，5 节不完整的颈椎，部分颈肋和背肋，1 个脉弧。

产地与层位　扶绥县山圩镇那派村上英屯，下白垩统新隆组。

鉴别特征　牙齿勺状，舌面有凹腔和棱嵴，纤细指数 1.9，颈椎侧凹发育。

说明　广西亚洲龙最初被鉴定归属腕龙科。由于鉴定特征不充分，多数学者认为广西亚洲龙的有效性存疑。

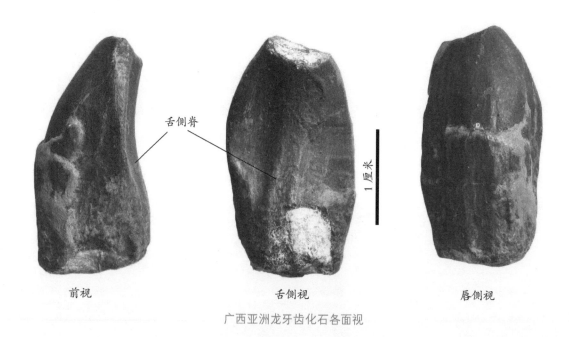

舌侧脊

1 厘米

前视　　　　　　　　舌侧视　　　　　　　　唇侧视

广西亚洲龙牙齿化石各面视

广西原恐齿龙 *Prodeinodon kwangshiensis*

正型标本　IVPP V4795，4 颗牙齿。

产地与层位　扶绥县山圩镇那派村上英屯，下白垩统新隆组。

鉴别特征　牙齿齿冠较扁平，后缘部分较前缘薄，前缘的锯齿边缘较后缘稀而弱，每个锯齿边缘向齿尖倾斜，后缘平直，弯曲度不明显。

说明　广西原恐齿龙最初被鉴定归属巨齿龙科。由于鉴定特征不充分，许多学者认为该恐龙属种名称不成立。

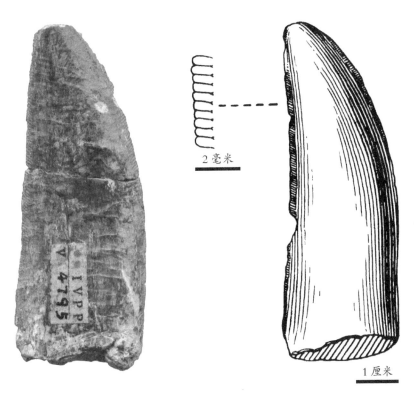

2 毫米

1 厘米

广西原恐齿龙牙齿化石及线描图

表 2 广西已发现的恐龙种类一览表

序号	名称	时代	产地	备注
1	赵氏扶绥龙 *Fusuisaurus zhaoi*	白垩纪早期	扶绥县	巨型蜥脚类
2	何氏六榜龙 *Liubangosaurus hei*	白垩纪早期	扶绥县	大型蜥脚类
3	右江清秀龙 *Qingxiusaurus youjiangensis*	白垩纪晚期	西乡塘区	大型蜥脚类
4	大石南宁龙 *Nanningosaurus dashiensis*	白垩纪晚期	西乡塘区	鸭嘴龙类
5	广西大塘龙 *Datanglong guangxiensis*	白垩纪早期	良庆区	大型兽脚类
6	扶绥中国上龙 *Sinopliosaurus fusuiensis*	白垩纪早期	扶绥县	大型兽脚类
7	禽龙类 *Iguanodontia*	白垩纪早期	扶绥县	未定种
8	鹦鹉嘴龙类 *Psittacosaurid*	白垩纪早期	扶绥县	未定种
9	真蜥脚类 *Eusauropoda*	侏罗纪中期	防城区	未定种
10	鲨齿龙类 *Carcharodontosauria*	白垩纪早期	扶绥县	未定种
11	新僵尾龙类 *Neotetanurae*	白垩纪晚期	西乡塘区	未定种
12	广西原恐齿龙 *Prodeinodon kwangshiensis*	白垩纪早期	扶绥县	疑似种
13	广西亚洲龙 *Asiatosaurus kwangshiensis*	白垩纪早期	扶绥县	疑似种

知识点：如何给恐龙起名字

恐龙是一种全球性的陆地动物，生存时间跨度可达 1.8 亿年。恐龙种类繁多，占据了地球的各种生态位，地上跑的、水里游的、树上飞的，应有尽有。至于恐龙为什么会到水里游、到树上飞，可能与捕猎食物有关。1842 年英国博物学家欧文创造了"恐龙"一词至今，全世界已经命名了 1000 多种恐龙（实际上，曾经在地球上生活的恐龙种类可能会有几十万种）。当发现了恐龙化石，并通过对比确认是新属新种之后，古生物学家就会给它起一个新名字。

像其他绝大多数生物一样，恐龙的名字也采用双名法命名，即由一个属名加一个种名组成，称为"×× 龙"。比如赵氏扶绥龙（*Fusuisaurus zhaoi*），"扶绥"是属名，"赵氏"为种名。恐龙的中文名称和拉丁文名称中，属名和种名的位置正好相反。拉丁文名称要用斜体字表示，且属名的第一个字母要大写，种名的第一个字母小写。又比如，迄今为止恐龙名称中字母最少的恐龙叫奇翼龙（*Yi qi*），"奇（qi）"是种名，"翼（Yi）"是属名。

当然，每一个恐龙的名字都有一定的意义。恐龙属名和种名的来源和意义主要有三：一是纪念某个人，二是表示这个恐龙的产地，三是指示这个恐龙本身具有的一些特征。比如奇翼龙就是根据恐龙的特征来命名，意思是"有奇特翅膀的恐龙"：这种恐龙的翅膀不是飞羽，而是类似蝙蝠的皮膜。

第 五 章

恐龙之乡

广西扶绥县是"中国恐龙之乡"，位于山圩镇的恐龙化石产地——那派盆地是 2014 年国土资源部（现自然资源部）授予的首批全国 53 个"国家级重点保护古生物化石集中产地"之一。自 1972 年发现恐龙化石以来，来自广西自然博物馆、中国科学院古脊椎动物与古人类研究所和法国、泰国的古生物学家在那派盆地开展了数十次野外调查，先后发掘了上英屯、笼草岭和下妙屯 3 个恐龙化石地点，采集了丰富的古生物化石标本和岩石样品，开展了地层学、古生物学、地球化学等科研工作，累计发现了恐龙以及软骨鱼类、硬骨鱼类、龟类、鳄类等脊椎动物化石 21 种，包括国家一级重点保护的蜥脚类恐龙赵氏扶绥龙与何氏六榜龙，以及植物化石（包括轮藻）和无脊椎动物化石（如介形虫、叶肢介、腹足类、双壳类等）等。扶绥那派盆地是我国南方地区极具代表性的早白垩世恐龙化石产地，具有重要的科研价值。

一、那派盆地

盆地，顾名思义，就是四周高、中部低的盆状地形。盆地在形成以后一般会被海水或湖水长期淹没，同时会沉积厚厚的泥沙以及许多死亡的植物和动物。若干百万年之后，泥沙变成了岩层，埋藏的动物和植物就变成了古生物化石。

那派盆地恐龙化石地点位于扶绥县南部山圩镇的平搞村和那派村，距扶绥县城 32 千米，距广西首府南宁市 71 千米。那派盆地面积约 150 平方千米，是我国最重要的早白垩世恐龙化石产地之一。

那派盆地总体上呈梨形，总共沉积了 2445 米厚的白垩纪早期地层。这套地层有一个专业名称，称为新隆组，符号为 K_1x（注：K 代表白垩纪时代，K_1

表示白垩纪早期，x是"新隆组"拼音的首字母）。新隆组地层有河流相沉积，有湖相沉积，也有河湖相沉积，由砾岩、砂岩、粉砂岩、泥质粉砂岩构成韵律叠复出现，显示了湖盆由扩展到萎缩的演变过程。地层颜色多以紫红色为主，反映当时气候干燥炎热。从地层产出的古生物化石来看，那派盆地在白垩纪早期气候温暖潮湿，植物茂盛，双壳类、鱼类、龟类、鳄类和恐龙等动物大量繁殖。早白垩世末期，地壳上升，盆地隆起，那派湖盆消失。

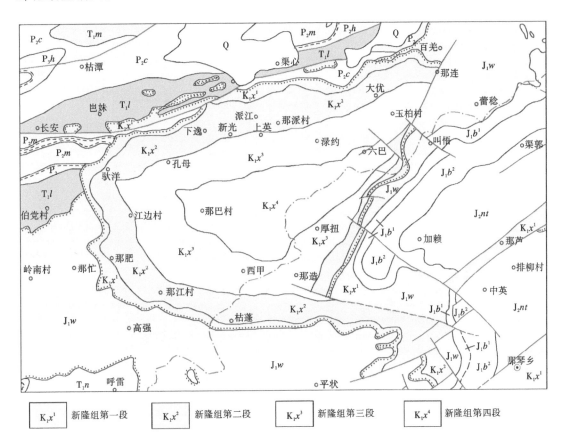

那派盆地地质图（来源于广西壮族自治区区域地质调查研究院）

岩性描述柱状图（桂平—隆林地区综合地层柱状剖面）

年代地层 系	统	阶	岩石地层 组	段	代号	厚度(m)	岩性描述	古生物化石	沉积环境	层序地层体系域
第四系	全新统		桂平组		Qhg	0~25	河床、河漫滩及一级阶地，具二元结构，上部亚砂土、亚黏土，下部砾石层	孢粉：Quercus、Castanea、Pinus；古脊椎动物化石：Hystrix sp.、Macaca sp.、Cervas sp.	河流相（剥余堆积）	RST
	上更新统		望高组		Qpw	0~15 / 0~19	二级阶地，具二元结构，上部为黄色亚砂土，下部为砾石层；棕红色黏土层，富含铁锰质结核及褐红色泥质胶结物，底部为砾石颗粒（角度不整合）		滨湖相 / 河流相	EST ② / AST
白垩系	下统		新隆组	第四段	K_1x^4	>151	上部紫红色中薄层状含泥岩屑砂岩，中部紫红色含泥质钙质砂岩，下部含钙质岩屑、底部为砾石层	轮藻类：Flabellochara sp. 介形类：Damonella sp. Ziziphocypris simacovi		RST
				第三段	K_1x^3	423~490	上部紫红色中薄层状含钙质粉砂岩，下部灰白色、紫红色薄层状-中层状含钙质岩屑砂岩与暗紫红色中层状砾岩呈韵律出现	瓣鳃类：Trigonioides sp. 恐龙：Sauropoda（骨）	滨湖相	EST ①
				第二段	K_1x^2	169~247	上部紫红色中薄层状含钙质粉砂岩夹紫色、灰色薄层状砾岩，中部灰色、紫红色中层状砾岩，下部含砾石英砂岩	恐龙：Plesiosauroidea Sauropoda（骨）；瓣鳃类：Pseudohyria sp. Trigonioides sp. Yunnanoconcha sp.		AST
				第一段	K_1x^1	169~214	上部褐红色、褐黄色中层状砾岩，暗紫红色中厚层状含钙质岩屑砂岩、底部含砾石英砂岩（角度不整合）		河流相	
三叠系	中统		板纳组		T_2b	>107	深灰色薄层状泥岩、岩及灰色厚层微晶灰岩，局部夹粉砂质泥岩（角度不整合）	瓣鳃类：Posidonia cf. wengensis	浅海陆棚相	SB_1 TST
	下统		罗楼组		T_1b	>227	上部灰色厚层状砾岩，中部灰色中厚层状泥岩、局部夹粉砂质泥岩		台地边缘	HST ② / TST
			北泗组			>596	上部灰岩夹云质灰岩，中部灰白色微晶灰岩，下部灰色中厚层状亮晶白云岩夹黑色泥质灰岩；上部灰色厚层砾状灰岩夹白云质灰岩，中部薄层状微晶灰岩，下部灰色中层状亮晶砂质灰岩夹微晶灰岩	瓣鳃类：Leptochondria cf. bittneri	台地边缘斜坡	HST ①

地质年代与地层柱状剖面信息（竖排剖面图，内容如下）：

层序地层：TST / LST / HST / TST / HST / TST / HST / TST / HST / TST / HST / TST / HST / TST / HST

SB₁ → SB_1

层序编号：⑦ ⑥ ⑤ ④ ③ ② ①

沉积相带：潮间—潮上带　开　阔　台　地　相　　半　局　限　台　地　相　　开　阔　台　地　相

化石：

胸足类：*Leptodus* sp.

鏣类：*Yabeina* sp.　*Pseudodoliolina* sp.　*Verbeekina* sp.　*Neoschwagerina* sp.

Cancellina sp.　*Misellina* sp.　*Nankinella discoides*

Misellina sp.

Pseudoschwagerina sp.

Pseudofusulina sp.

Pseudoschwagerina sp.

Triticites sp.

Fusulinella sp.　*Beedeina* sp.　*Fusulina* sp.

Pseudostaffella sp.

Profusulinella sp.

胸足类：*Striatifera striata*

珊瑚类：*Arachnolasma* sp.　*Cravenia* sp.

岩性描述（自上而下）：

晶灰岩。

灰—深灰色中层状微晶灰岩、局部夹泥岩、泥质灰岩、硅质灰岩、碳质泥岩、煤层。底部为铝土岩或砾岩　——平行不整合——

灰—浅灰灰色中厚层状微晶灰岩、砂屑灰岩，局部夹浅灰色厚层状微晶灰岩

上部灰—深灰色中层状泥—微晶生物碎屑灰岩；中部灰—深灰色中层夹薄层状含硅质团块微晶生物碎屑灰岩，泥晶灰岩；下部深灰色薄—中层状生物碎屑微晶灰岩，昆仑—带夹生物碎屑微晶灰岩

上部浅灰色含白云质团块层状—块状生物碎屑微晶细晶白云岩，白云质微晶灰岩、浅灰色厚层状白云岩、中部浅灰色中—厚层状中—细晶白云岩，泥晶灰岩、下部浅灰色中—厚层状亮晶生物碎屑灰岩

灰白色厚层状中晶白云岩，上部夹生物碎屑灰岩

上部深灰色白云质团块状厚层—块状生物碎屑微晶细晶白云岩，下部灰白色厚层状含白云质团块微晶生物碎屑灰岩，局部夹生物碎屑灰岩

上部浅灰色厚层状生物碎屑灰岩、鸟眼泥晶灰岩；下部灰白色中晶白云岩、底部灰色微晶灘灰岩，灰白色细—中晶白云岩、底部夹中—薄层状含硅质团块微晶生物碎屑灰岩，局部为砾状灰岩

厚度（m）：11~13　274　383　210~392　55~83　162　27~150　308

岩石地层单位：

P₂h¹ 茅口组 第一段 —— 茅口阶 —— 中统

P₂m 栖霞组 —— 栖霞阶

P₂q

C₂P₁m² 第二段 —— 斯蒂芬阶 —— 下统

C₂P₁m¹ 第一段 —— 威士法阶

C₂h 黄龙组 —— 纳缪尔阶 —— 上统

C₁d 大埔组 —— 韦宪阶 —— 下统

C₁d 都安组

系：二叠系　石炭系

那派盆地综合地层柱状剖面图，恐龙化石主要埋藏在新隆组第一段（K_2x^2）（来源于广西第四地质队）

二、那派盆地产出的古生物化石

（一）恐龙

在那派盆地发现的恐龙包括蜥脚类、兽脚类、鸟脚类和角龙类（详见"第四章　恐龙研究"）。

1.蜥脚类恐龙化石

材料包括牙齿和骨骼。牙齿形态各异，主要归纳为勺状齿和棒状齿两种，代表了至少两种截然不同的蜥脚类恐龙。同时，根据恐龙骨骼形态特征，那派盆地蜥脚类也可鉴定为赵氏扶绥龙与何氏六榜龙两个属种。前者体型巨大，体长可达 30 米，体重约 35 吨，为迄今发现的白垩纪最高大蜥脚类恐龙之一。后者个体相对较小，体长接近 20 米。

蜥脚类恐龙勺状齿化石各面视

10 厘米

笼草岭蜥脚类恐龙幼年个体髂骨化石

疑似何氏六榜龙髂骨化石

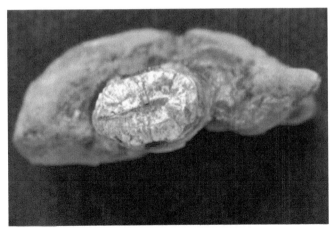

蜥脚类恐龙棒状齿化石顶面和舌（唇）面视

埋藏状态的蜥脚类恐龙骨骼化石

2. 兽脚类恐龙化石

材料只有牙齿，没有骨骼。牙齿形态有圆锥状和匕首状两种。前者属于棘龙类恐龙，后者属于鲨齿龙类恐龙。棘龙类恐龙的牙齿特征包括细长、圆锥状、微微向后弯曲、略侧扁、珐琅质表面布满细小的纵向凹槽、无锯齿。棘龙属于半水生爬行动物，到水里抓捕鱼类为食，甚至还会游泳。棘龙属于特化的大型兽脚类恐龙，头骨长约 1.5 米，背上还有高达 1.6 米左右的背椎，形成了独特的帆状物。鲨齿龙类恐龙属于体型较大的肉食性恐龙，体长可达 10 多米，牙齿扁平，呈匕首状，前后边缘布满了细小的锯齿，用于撕咬和切割猎物。

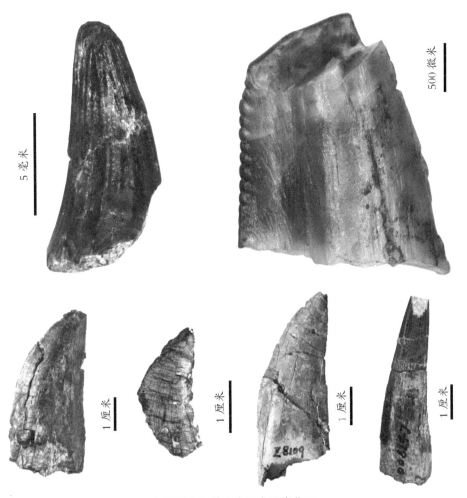

各种形态的兽脚类恐龙牙齿化石

　　除蜥脚类和兽脚类恐龙外，在那派盆地还发现了禽龙类化石材料，包括牙齿、背椎、股骨和肱骨等。禽龙是鸭嘴龙的祖先，体型不大，体长5～6米，鲨齿龙是它们的天敌。

　　此外，在那派盆地还发现了一段疑似角龙类材料的股骨远端，可能属于鹦鹉嘴龙。

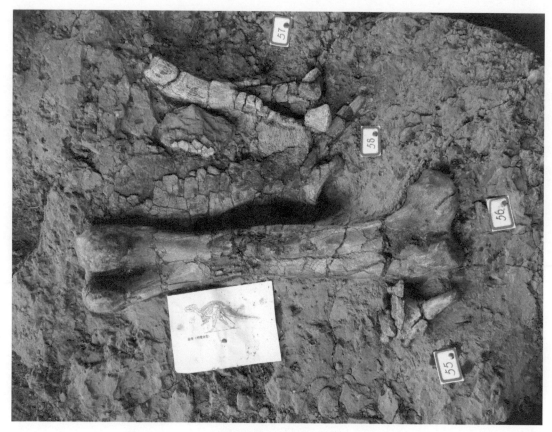

埋藏状态的禽龙股骨化石等

（二）软骨鱼类

在那派盆地发现了许多
软骨鱼类牙齿化石，这些牙
齿大小从几毫米到几厘米不
等，形态多样。不同的牙齿
形态具有不同的捕猎功能，
或碾压，或研磨，或切割。
有些鲨鱼体长可达2米，是
棘龙的最佳食物。

岩石表面附着的淡水鲨鱼牙齿化石

根据牙齿的不同形态，可以鉴定出 5 种不同的软骨鱼类：三尖齿弓鲛（*Hybodus aequitridentatus*）、诗泰因曼异翼柱头鲨（*Heteroptychodus steinmanni*）、呵叻尖角鲨（*Acrorhizodus khoratensis*）、锯齿泰鲨（*Thaiodus ruchae*）和佛瑞呵叻鲨（*Khoratodus foreyi*）。

三尖齿弓鲛的牙齿较大，前后缘长达 20 毫米，有多个齿尖，齿尖大小形态相近，齿冠表面齿脊汇聚于齿尖处，齿根发育。

诗泰因曼异翼柱头鲨的牙齿冠面呈长方形或四边形，齿冠上有平行的纵向脊，每一条脊上又有许多与之垂直的脊，齿冠边缘发育稠密的放射状脊。齿根较高。

呵叻尖角鲨的牙齿嚼面呈四方形，唇侧突出，舌侧凹入，纵向脊呈"U"形，两侧发育密集的平行状或网状脊。

锯齿泰鲨的齿冠不对称，唇侧突起，舌侧凹陷；牙齿前后向延长；不规则的圆钝的锯齿切边一般仅发育于齿冠远端。

佛瑞呵叻鲨的牙齿前后延长；横切面尖锐；唇舌侧不对称，略向舌侧偏移；纵向脊略微弯曲，两侧发育分叉的齿脊；分叉齿脊仅分布于齿冠上部。

那派盆地的 5 种软骨鱼类全部属于弓鲛目。弓鲛又名弓鲨，是一类已灭绝的鲨鱼，最初于二叠纪晚期出现，于白垩纪末消失。

软骨鱼类复原图

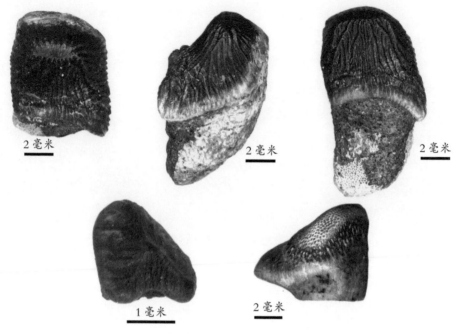

呵叻尖角鲨牙齿化石

三尖齿弓鲛牙齿化石

（三）硬骨鱼类

那派盆地产出的硬骨鱼类化石材料比较多，大部分是一些牙齿和鳞片。牙齿非常细小，有些不到 2 毫米，鳞片的大小为 10 ～ 20 毫米。根据这些牙齿和鳞片化石的形态，可以鉴定出近鲱形类（Halecomorphi）和铰齿鱼类（Ginglymodi）两类硬骨鱼。

近鲱形类的牙齿细长，略微弯曲，横截面呈圆形，在齿冠上有一些纵长的凹槽。

铰齿鱼类的齿尖弯曲，基部膨大呈球根状、竹片状或勺状，齿尖发育切割型边缘小齿，小齿的数目 4 ～ 7 个。

近鲱形类主要出现在侏罗纪晚期和白垩纪早期地层中，而铰齿鱼类以前仅见于白垩纪晚期地层中。因此，广西扶绥那派盆地铰齿鱼类化石是迄今为止出土地层年代最早的铰齿鱼类化石。

现今生活在中北美洲和古巴淡水环境的雀鳝是铰齿鱼类的现生代表，而生活在美洲淡水环境的"活化石"弓鳍鱼则是现生近鲱形类的唯一代表。

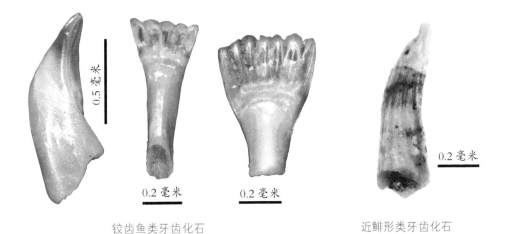

0.5 毫米　　0.2 毫米　　0.2 毫米　　0.2 毫米

铰齿鱼类牙齿化石　　　　　　　　近鲱形类牙齿化石

铰齿鱼类鳞片化石

北美洲活化石——雀鳝

现生近鲱形类——弓鳍鱼

（四）龟鳖类

那派盆地新隆组发现的龟鳖类化石材料比较零碎，大多是一些不完整的骨片，如骨桥板、缘板或肋板等。这些骨片所具有的不同纹饰，代表了不同的龟鳖种类。根据这些骨片的形态特征，可以鉴定出两种鳖类，一种是 *Kizylkumemys* sp.，属于两爪鳖科（Carettochelyidae）；另一种是 *Shachemys* sp.，属于椓龟科（Adocidae）。前者的骨片表面发育了大量的蠕虫状结构，后者的骨片表面具有大量的细小斑点。

两爪鳖科是一类形态特征和生活习性高度特化的曲颈龟类，现生的两爪鳖背甲为皮革覆盖，腹甲退化，吻部突出似猪鼻子，高度适应淡水环境，以植物为食。现生的两爪鳖仅存一种，分布于新几内亚岛南部和澳大利亚北部，体长 70 厘米左右。椓龟科已灭绝。

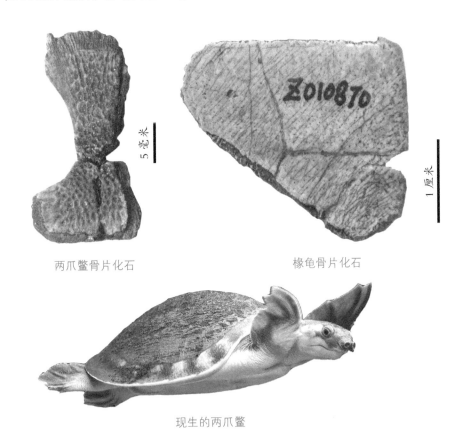

5 毫米

1 厘米

两爪鳖骨片化石　　　　　　　　　椓龟骨片化石

现生的两爪鳖

（五）鳄类

在那派盆地目前仅发现了一种类似于兽鳄（*Theriosuchus*）的牙齿化石。兽鳄的牙齿较小，齿尖圆钝，略侧扁，唇舌侧发育纵向脊，前后缘发育锯齿结构。兽鳄身形娇小，体长接近 1 米，生活在侏罗纪晚期至白垩纪早期的沼泽中。

1毫米

兽鳄牙齿化石及复原图

（六）双壳类

双壳类，顾名思义，就是具有两个对称外壳的水生软体动物。

那派盆地形成的淡水湖泊曾经生活了大量的双壳类。根据壳的形状以及壳面纹饰的不同，可以分为不同的属种，如类三角蚌、假嬉蚌、富士蚌、褶珠蚌等。大小不等，大的有近 20 厘米长，小的仅有几厘米长。

那派盆地产出的双壳类都已经绝灭。现生的双壳类约有 20000 种生活在海洋环境，约有 2000 种生活在淡水环境。

各种双壳类化石

三、那派盆地恐龙地质年代分析

那派盆地恐龙等脊椎动物群的地质年代最初定为早白垩世。早白垩世距今 1.44 亿～ 0.98 亿年，跨度达 4600 万年。那么，我们还能不能将扶绥恐龙的生存年代精确到早白垩世的某个期呢？

要想知道那派盆地恐龙生活的准确年代，最好的办法就是在地层中找到火山岩或者火山凝灰岩，在火山岩中寻找可以测定年代的放射性元素，比如锆石。遗憾的是，那派盆地除了沉积岩，没有找到可以测定年代的火山岩样品。唯一的办法只有通过地层及其埋藏的古生物来确定其相对地质年代了。

那派盆地发现了种类丰富的恐龙等脊椎动物群化石。通过分析这些动物群的组成，并与泰国 Khok Kruat 组产出的脊椎动物群组合进行比较，结果发现，两地产出的淡水鱼类、硬骨鱼类、龟鳖类和兽脚类恐龙组合较为相似（见表3），说明那派盆地恐龙的地质年代与泰国 Khok Kruat 组产出的脊椎动物群地质年代大致相当，为早白垩世的阿普特期（距今 1.21 亿～ 1.12 亿年）。

表3　广西新隆组和泰国 Khok Kruat 组产出的脊椎动物化石对比表

化石种类	产出地层	
	泰国 Khok Kruat 组	广西新隆组
软骨鱼类	三尖齿弓鲛 诗泰因曼异翼柱头鲨 呵叻尖角鲨 锯齿泰鲨 佛瑞呵叻鲨	三尖齿弓鲛 诗泰因曼异翼柱头鲨 呵叻尖角鲨 锯齿泰鲨 佛瑞呵叻鲨
硬骨鱼类	近鲱形类未定种 铰齿鱼类未定种	近鲱形类未定种 铰齿鱼类未定种
龟类	两爪鳖科：*Kizylkumemys khoratensis* 椽龟科：*Shachemys* sp.	两爪鳖科：*Kizylkumemys* sp. 椽龟科：*Shachemys* sp.
鳄类	兽鳄 *Theriosuchus sp.* 新鳄类：*Khoratosuchus jintasakuli*	兽鳄 *Theriosuchus sp.*
恐龙类	泰坦巨龙形类未定种	泰坦巨龙形类：赵氏扶绥龙、何氏六榜龙
	鲨齿龙类：苏氏暹罗盗龙	鲨齿龙类：广西大塘龙
	棘龙类未定种	棘龙类：扶绥中国上龙
	禽龙类：暹罗齿龙、呵叻龙、诗琳通龙	禽龙类未定种
	角龙类：*Psittacosaurus sattayaragi*	角龙类未定种

四、那派盆地古地理、古环境和古气候分析

2.1 亿年前，广西所在的华南板块与泰国所在的思茅 – 印度支那板块、缅甸所在的保山 – 中缅马苏地块碰撞并拼合在一起。由于同处热带 – 亚热带区域，这三大板块之间碰撞所形成的山脉因炎热潮湿的天气，很快就被风化剥蚀作用夷为平地，致使广西和东南亚地区之间的动物得以正常交流。古生物研究显示，在白垩纪早期，广西的淡水鲨鱼、龟鳖类、鳄类、恐龙等脊椎动物与东南亚地区的白垩纪早期脊椎动物群的组成和性质非常相似，而与北方的热河生物群明显不同，表明中国南方地区（以广西那派盆地为代表）与东南亚地区（以泰国呵叻高原为代表）在白垩纪早期具有相似的古地理、古环境和古气候，可能组成了一个独特的"南方古动物地理区系"。

那派盆地恐龙化石地层的岩性为紫红色含砾砂岩、岩屑砂岩夹含钙泥质粉砂岩、粉砂质泥岩，通过这些岩石可以推测恐龙当时生活的环境是河流环境还是湖泊环境，或者是介于二者之间。颗粒较粗的含砾砂岩是河流的沉积物，代表水动力比较强；而颗粒非常细的泥质粉砂岩、粉砂质泥岩则是湖泊的沉积物，说明水流缓慢，甚至静止。岩石呈紫红色表示当时的气候比较炎热，因为炎热的气候会使岩石中含铁矿物氧化成为红色的高价铁。

通过采集那派盆地的恐龙牙齿和骨骼化石样品，运用碳氧同位素研究方法，可以推测出 1 亿多年前扶绥那派盆地的年平均气温大概为 19℃，略低于现在的年平均气温（22℃左右）。而年均降水量仅为 385 毫米，明显低于现在的年均降水量（通常都在 1300 毫米左右）。那派盆地当时仍属于太平洋沿海地区，为什么降水量会这么少？可能是因为当时的海岸边分布了许多高大山脉，这些山脉群形成了一道屏障，阻挡了海洋性暖湿气流向那派盆地附近地区侵入，从而造成了长期的气候干旱事件。

赵氏扶绥龙

何氏六榜龙

鲨齿龙类

鳄类

　　1亿多年前，那派盆地一带河流与湖泊交错，岸边生长了大片的森林。河流和湖泊里生活着各种各样的淡水鲨鱼、硬骨鱼类、龟鳖类和鳄类，而成群的巨型蜥脚类恐龙、大型鲨齿龙类恐龙和中等大小的禽龙、小型角龙则生活在湖边林地或丘陵地带。大型棘龙是一种半水生动物，通常会在水里抓捕各种鱼类来充当食物，偶尔也会在陆地上活动。

禽龙类

棘龙类

扶绥那派盆地白垩纪恐龙生态复原

五、笼草岭恐龙死亡之谜

笼草岭的发掘至少发现了 4 个恐龙个体化石，包括赵氏扶绥龙、何氏六榜龙、1 个蜥脚类未成年个体和 1 个禽龙类未成年个体。这些个体的骨骼化石保存率都不到 10%。如赵氏扶绥龙仅保存了 1 件肱骨、1 件股骨远端、部分肋骨、少量腰带和少量尾椎，绝大多数的脊椎系列都没有发现。究其原因，一种可能的情况是，多数恐龙骨骼在 1 亿多年前就没有保存下来成为化石；另一种可能的情况是，许多化石露出地表后，或者已经自然风化，或者已经遭到了破坏。

笼草岭化石地层下面有大量的泥裂结构，说明在 1 亿多年前那派盆地一带曾经发生了长期的气候干旱事件，从而导致河湖干涸、植被枯竭，大量的恐龙因缺乏水和食物而死亡。

笼草岭发现了近 200 块恐龙骨骼化石和牙齿化石。这些化石大小差异较大，但分布有一定的规律性。南侧的化石材料较为集中，关联度也较好（如六榜龙的背椎、扶绥龙的背肋），而北侧的大部分化石呈分离状态保存（如未成年的蜥脚类和鸟脚类）。也就是说，南侧的恐龙骨骼接近于原地埋藏，北侧的恐龙骨骼则为异地埋藏。

从局部看，大部分骨骼以平躺姿势保存，少量化石则呈竖立姿态保存，说明大部分骨骼是被水流搬运的，少量骨骼是被裹在泥沙中被搬运的。

从埋藏的恐龙骨骼和化石所处地层分析，可推测出 1 亿多年前这些恐龙可能因长期干旱而死亡，之后，腐烂的尸体受到洪水和泥石流的反复冲击，最后被泥沙掩埋，形成了化石。

那派盆地（熊铎摄）

笼草岭恐龙化石埋藏素描图。（虚框内为第一期发掘，虚框外为第二期发掘。
骨骼中黄色代表赵氏扶绥龙，蓝色代表何氏六榜龙，黑色可能属于何氏六榜龙，
白色为未成年的蜥脚类和禽龙类恐龙。）

"中国恐龙之乡" 野外工作随拍

晨雾　　　　　　　　　　　夕阳（Suravech 摄）

恐龙 "亲戚"（Romain 摄）

水浴（Romain 摄）

红蜻蜓（Romain 摄）

机警

耙田

木棉

丰收

蓝天

广西恐龙
GUANGXI KONGLONG

要下雨了

熄火

打滑

参考文献

[1] 董枝明. 华南白垩系恐龙化石 [M] // 中国科学院古脊椎动物与古人类研究所, 南京古生物研究所. 华南中、新生代红层. 北京: 科学出版社, 1979: 342-350.

[2] 广西壮族自治区地质矿产局. 广西壮族自治区区域地质志 [M]. 北京: 地质出版社, 1985.

[3] 姚培毅, 于菁珊. 广西十万大山地区早白垩世非海相双壳类—新亚属—褶珠蚌 (广西蚌) [G] // 中国地质科学院地层古生物论文集编委会. 地层古生物论文集: 第十四辑. 北京: 地质出版社, 1986: 227-239.

[4] 傅中平, 杜省保. 广西珍奇 [M]. 南宁: 广西民族出版社, 1997.

[5] 傅中平, 梁圣然. 广西石山地区珍奇地质景观评价、开发与保护研究 [M]. 南宁: 广西科学技术出版社, 2007.

[6] 莫进尤. 广西扶绥笼草岭出土的蜥脚类恐龙化石 [M] // 自然遗产与文博研究: 第一卷. 南宁: 广西人民出版社, 2012: 17-32.

[7] 莫进尤, 黄超林, 谢绍文. 广西恐龙研究综述 [M] // 自然遗产与文博研究: 第二卷. 南宁: 广西人民出版社, 2013: 18-44.

[8] 谢绍文, 黄超林. 试述赵氏扶绥龙的发掘、修复与装架 [M] // 自然遗产与文博研究: 第二卷. 南宁: 广西人民出版社, 2013: 70-80.

[9] 莫进尤. 广西扶绥县那派盆地早白垩世新隆组脊椎动物群研究进展 [C] // 中国古生物学会. 中国古生物学会第 28 届学术年会论文摘要集. 北京: 中国古生物学会, 2015: 148-149.

[10] 莫进尤, Buffetaut E, 佟海燕, 等. 广西扶绥县那派盆地早白垩世新隆组脊椎动物群研究进展 [M] // 自然遗产与文博研究: 第五卷. 南宁: 广西人民出版社, 2016: 13-43.

[11] 谢绍文, 莫进尤, 黄超林. 广西那派盆地新隆组砂砾岩中脊椎动物化石的酸处理 [M] // 自然遗产与文博研究. 南宁: 广西人民出版社, 2017: 42-50.

[12] 广西自然博物馆. 自然广西 [M]. 南宁: 广西科学技术出版社, 2018.

[13] 吴永超, 韩铁英. 广西发现恐龙化石 [J]. 化石, 1973 (13).

[14] 侯连海, 叶祥奎, 赵喜进. 广西扶绥爬行动物化石 [J]. 古脊椎动物与古人类, 1975, 13 (1): 24-33.

[15]赵仲如.南宁市郊发现恐龙化石[J].古脊椎动物学报，1990，28（4）：320.

[16]雷石仲.广西南宁首次发现恐龙化石[J].化石，1991（29）.

[17]莫进尤，王颀，黄云忠.广西那龙盆地恐龙动物群及其地层新见[J].桂林工学院学报，1998（18）：140-142.

[18]莫进尤.扶绥笼草岭恐龙化石发现记[J].大自然，2002（2）：13-14.

[19]莫进尤.广西扶绥发现恐龙化石新种类[J].广西地质，2002，15（1）：74-78.

[20]农国忠，潘罗忠.桂西南那派盆地轮藻类的发现及其意义[J].桂林工学院学报，2007，27（3）：320-321.

[21]莫进尤，黄超林，赵仲如，等.中国广西晚白垩世一新的巨龙类恐龙[J].古脊椎动物学报，2008，46（2）：147-156.

[22]李广宁，周府生，黄政.十万大山盆地恐龙化石价值分析[J].南方国土资源，2011（9）：35-36.

[23]邢海，Prieto-Marquez A，顾伟，等.中国东北马斯特里赫特阶的 Wulagasaurus dongi（鸭嘴龙亚科）的重新评估与系统发育分析[J].古脊椎动物学报，2012，50（2）：160-169.

[24] Prieto-Marquez A，Weishampel D B，Horner J R，et al. The dinosaur Hadrosaurus foulkii，from the Campanian of the East Coast of North America，with a reevalution of the genus [J].Acta Palaeontological Polonica，2006，51（1）：77-98.

[25] Amiot R，Buffetaut E，Lécuyer C，et al. Pouech，P Hantzpergue and V Lacombe（Editors），Were some dinosaurs aquatic? [J]. Mid-mesozoic life and environments.Documents des laboratoires de géologiede lyon 2008，164：7-8.

[26] Amiot R，Buffetaut E，Lécuyer C，et al. Oxygen isotope evidence for semi-aquatic habits among spinosaurid theropods[J].Geology，2010，38（2）：139-142.

[27] Amiot R，WANG X，ZHOU Z H，et al. The Jehol Biota of NE China as Early Cretaceous cold-climate floral and faunal assemblages[J]. Proceedings of the National Academy of

Sciences, 2011, 108（13）: 5179–5183.

［28］Amiot R, WANG X, ZHOU Z, et al. Environment and ecology of East Asian dinosaurs during the Early Cretaceous inferred from stable oxygen and carbon isotopes in apatite ［J］. Journal of Asian Earth Sciences, 2015, 98: 358–370.

［29］Brusatte S L. Dinosaur paleobiology ［M］. Hoboken: John Wiley & Sons, 2012.

［30］Buffetaut E, Suteethorn V, TONG H Y. Dinosaur Assemblages from Thailand: a comparison with Chinese faunas ［M］//Lü C H. kobayashi Y, Huang D, et al. 2005 Heyuan International Dinosaur Symposium. Beijing: Geological Publishing House, 2006: 19–37.

［31］Buffetaut E, Suteethorn V, TONG H Y, et al. An Early Cretaceous spinosaurid theropod from southern China ［J］. Geological Magazine, 2008, 145（5）: 745–748.

［32］Buffetaut E, MO J Y, TONG H Y, et al. The Early Cretaceous vertebrate assemblage from the Napai Formation of Guangxi, southern China: a comparison with Thai assemblages ［R］//The 58th Symposium of Vertebrate Palaeontology and Comparative Anatomy and Symposium of Palaeontological Preparation and Conservation, Cambridge United Kingdom, September 14–18, 2010.

［33］Cuny G, MO J Y, Amiot R, et al. New data on Cretaceous freshwater hybodont sharks from Guangxi Province, South China ［J］. RESEARCH & KNOWLEDGE, 2017, Vol.3, No.1: 11–15.

［34］D' Emic M D. The early evolution of titanosauriform sauropod dinosaurs ［J］. Zoological Journal of the Linnean Society, 2012, 166: 624–671.

［35］DONG Z M. Dinosaurian Faunas of China ［M］. Beijing: China Ocean Press, 1992: 1–188.

［36］Mannion P D, Upchurch P, Barnes R N, et al. Osteology of the Late Jurassic Portuguese sauropod dinosaur Lusotitan atalaiensis（Macronaria）and the evolutionary history of basal titanosauriforms ［J］. Zoological Journal of the Linnean Society, 2013, 168: 98–206.

［37］MO J Y, WANG W, HUANG Z T, et al. A Basal Titanosauriform from the Early Cretaceous of Guangxi, China［J］. Eng · ed. Acta Geologica Sinica, 2006, 80（4）: 486-489.

［38］MO J Y, ZHAO Z R, WANG W, et al. The First Hadrosaurid Dinosaur from Southern China［J］. Acta Geologica Sinica（English edition）, 2007, 81（4）: 550-554.

［39］MO J Y, XU X, Buffetaut E. A new eusauropod dinosaur from the Lower Cretaceous of Guangxi Province, southern China［J］. Eng · ed. Acta Geologica Sinica, 2010, 84（6）: 1328-1335.

［40］MO J Y, Buffetaut E. A sauropod dorsal vertebra from the Middle Jurassic of Guangxi, China［J］. Journal of Science and Technology Mahasarakham University, 2012, 31（1）: 1-8.

［41］MO J Y, HUANG C L, XIE S W, et al. A Megatheropod Tooth from the Early Cretaceous of Fusui, Guangxi, Southern China［J］. Eng · ed. Acta Geologica Sinica, 2014, 88（1）: 6-12.

［42］MO J Y, ZHOU F S, LI G N, et al. A New Carcharodontosauria（Theropoda）from the Early Cretaceous of Guangxi, Southern China［J］. Eng · ed. Acta Geologica Sinica, 2014, 88（4）: 1051-1059.

［43］MO J Y, Buffetaut E, TONG H Y, et al. Early Cretaceous vertebrates from the Xinlong Formation of Guangxi（southern China）: a review［J］. Geological Magazine, 2016, 153（1）: 143-159.

［44］MO J Y, LI J C, LING YC, et al. New fossil remain of Fusuisaurus zhaoi（Sauropoda: Titanosauriformes）from the Lower Cretaceous of Guangxi, southern China［J］. Cretaceous Research, 2020, 109, 104379.

［45］Riabinin A N. A mounted skeleton of the gigantic reptile Trachodon amurense nov.sp［J］. Izvest. geol Komissaya. USSR, 1925, 44: 1-12.

［46］Samathi A, Chanthasit P, Sander P M. Two new basal coelurosaurian theropod dinosaurs from the Lower Cretaceous Sao Khua Formation of Thailand［J］. Acta Palaeontologica

Polonica, 2017, 64（2）: 239-260.

［47］Sereno P C. The evolution of dinosaurs［J］. Science, 1999, 284: 2137-2147.

［48］Upchurch P, Barrett P M, Doson P. Sauropoda［M］//Weishampel D B, Dodson P, Osm ó lska H: The Dinosauria. Znd ed. Berkeley: University of California Press, 2004: 259-322.

［49］Wilson J A, Sereno P C. Early evolution and higher-level phylogeny of sauropod dinosaurs［J］. Society Of Vertebrate Paleontology, Memoir 5. Journal of Vertebrate Paleontology, 1998, 18（2）: 1-68.

［50］XING H, WANG D, HAN F, et al. A New Basal Hadrosauroid Dinosaur（Dinosauria: Ornithopoda）with Transitional Features from the Late Cretaceous of Henan Province, China. PLoS ONE, 2014, 9（6）: e98821.

作者寄语

　　古生物学是研究地质历史时期的生物及其演化的科学，其研究对象主要为地层中保存的地质历史时期的生物遗体和遗迹。

　　作为一名从事古生物化石野外调查、发掘和研究工作多年的专业人员，我一直觉得，每一块化石都代表了生命演化历史的一个节点，都有一段故事，我们可以根据有限的化石线索来还原生物历史，重现数十亿年来地球生物演化的故事。

　　人类不能脱离环境而生存，而我们所做的古生物研究，既是在探寻远古生物起源和演化的答案，也为人类和地球今后的发展提供宝贵预示。通过古生物学的研究，我们知道了人类不是由上帝创造的，也知道了地球上确实存在过恐龙这样的庞然大物，还知道了地球历史中曾存在过几次大的生物灭绝事件以及数十次规模较小的灭绝事件。

　　本书是我多年来研究工作的部分小结，对广西恐龙（包括伴生的脊椎动物群）进行了全面的介绍，书中配有大量图片，详细再现了广西恐龙的发现和发掘过程，重点介绍了已研究发表的恐龙属种，并对恐龙动物群的生存年代和环境进行了对比分析。我们研究古代生命遗留的化石，就是为了打开一扇扇窗口，探索我们身处的自然世界从何而来。

　　期待本书能为古生物学和地质学等相关专业人员以及广大古生物爱好者了解广西古生物提供参考，若能让更多年轻人认识、了解和热爱古生物学，亦我所愿也。

作者简介

莫进尤　博士，研究馆员，广西自然博物馆副馆长，从事古生物化石的野外调查、发掘、研究与科普教育工作 30 多年。在广西发现了许多重要的恐龙化石材料，命名广西恐龙新属种 5 个，在国内外学术期刊上发表科研论文 50 多篇。